装甲车辆高原试验理论与方法

张　晶　卢亚辉　梁媛媛　范　栋　等编著

国防工业出版社
·北京·

内 容 简 介

本书针对装甲车辆高原试验理论与方法进行专门讨论，在系统梳理装甲车辆高原使用暴露的问题、历年试验组织管理经验、型号试验数据的基础上，以环境适应性的内涵为理论依据，以现行装甲车辆试验标准为方法遵循，突出了高原试验特有考虑，并提供了典型应用案例。本书主要内容包括装甲车辆高原试验的基本概念、高原地理环境特点与影响、环境损伤与评价理论、装甲车辆高原试验设计与方法、典型装甲车辆高原试验与评价。

本书适用于装甲车辆试验鉴定技术人员和管理人员，也可供从事装甲车辆论证、研制和使用操作等人员参考，还可作为装甲车辆试验鉴定教育培训、院校相关学科专业的教学参考书。

图书在版编目(CIP)数据

装甲车辆高原试验理论与方法/张晶等编著．—北京：国防工业出版社，2024．5

ISBN 978－7－118－13321－9

Ⅰ．①装…　Ⅱ．①张…　Ⅲ．①装甲车—车辆试验

Ⅳ．①TJ811

中国国家版本馆 CIP 数据核字(2024)第 099850 号

※

国防工業出版社出版发行

(北京市海淀区紫竹院南路 23 号　邮政编码 100048)

北京虎彩文化传播有限公司印刷

新华书店经售

*

开本 710×1000　1/16　**插页** 1　**印张** 11　**字数** 190 千字

2024 年 5 月第 1 版第 1 次印刷　**印数** 1—1000 册　**定价** 70.00 元

(本书如有印装错误，我社负责调换)

国防书店：(010)88540777　　书店传真：(010)88540776

发行业务：(010)88540717　　发行传真：(010)88540762

《装甲车辆高原试验理论与方法》

编写组

主　编：张　晶

副主编：卢亚辉　梁媛媛　范　栋

编　者：（按姓氏笔画排序）

马殿哲　王　伟　王和平　平富文　吕　莹

朱兆前　刘海梅　李　娟　迟永强　张　梅

陈　平　邵贝贝　易　兵　罗　韬　宗艳桃

胡　群　胡伟锋　钟笑雨　侯军芳　贺海文

贾宇飞　徐　峰　黄　勇

前　言

由于高原山地战略意义重大,地形复杂,环境恶劣,对陆军装甲部队作战、装甲装备的使用和装备自身性能均提出了更高的要求。近年来,在高原配备的一些装甲车辆普遍存在发动机早期损坏、起动困难、射表修正等高原适应性和高原使用问题,一定程度上影响了作战训练水平的提升。然而,长期以来,由于装甲装备高原地区基础理论研究不够深入,基础数据积累有限,对影响装备性能变化的机理认识不足,基础理论研究尚显薄弱,导致在设计装甲车辆高原适应性时考虑不足,在高原地区使用维护时无据可循,与现实需求格格不入。

自1997年首次系统组织装甲车辆进藏高原试验至今的20多年时间里,已有包含坦克、信息系统平台、侦察装备、技术保障装备、武器系统的多型装甲车辆进行过高原地区试验,完成了机动、武器、防护、指控通信、作业装置、侦察情报等方面的性能试验,积累了大量的试验数据和使用经验,几经梳理后,终得以形成本书。通过多年的高原环境适应性试验,作者团队对装甲车辆的环境适应性内涵、分析方法有了更深刻的理解,尤为重要的是,本书将许多理论分析与实际问题形成了映射对照,汇总了一些容易出现的问题,获取了一些性能数据,探讨了一些影响机理,摸索了一些使用特点,形成了一些意见建议,以期为查找并解决装备在高原使用中的实际问题,摸清高原环境对装备的影响规律,深化环境适应性理论研究,推动装备技术水平提高提供借鉴和参考,同时也为管理、设计、试验、研究人员以及相关爱好者提供探讨的基点和支撑。

全书共分5章。第1章为绪论,概括介绍了环境适应性与环境试验、装甲车辆高原环境试验的发展沿革、高原试验的背景意义;第2~4章着重从理论和方法层面介绍了装甲车辆高原试验,针对高原环境特点与试验中的特殊考虑,从环境影响机理、试验设计、试验方法、条件控制要求等方面对涉及的相关知识和方法进行了介绍;第5章是高原环境试验的实际运用,分别从试验论证、试验筹划设计、组织实施、试验结果与分析、适应性评价、使用建议等方面进行了阐述。

本书由张晶负责总体框架设计,卢亚辉、梁媛媛统稿。其中,卢亚辉、易兵、王伟、张梅负责第1章编写;范栋、李娟、马殿哲、朱兆前、迟永强、陈平负责第2章编写;梁媛媛、贾宇飞、王和平、平富文、吕莹负责第3章编写;张晶、邵贝贝、胡群、徐峰、贺海文、黄勇负责第4章编写;侯军芳、罗韬、胡伟锋、刘海梅、钟笑雨、宗艳桃负责第5章编写;李娟负责全书校对。

装甲车辆高原试验是一项艰难且耗资巨大的系统工程,书中列举的试验数据、试验标准、试验方法均是长期奋战在试验和使用一线的工作人员经验总结出来的，是难能可贵的，在此，衷心地感谢为此付出汗水和辛勤劳动的每一位试验工作者。在本书编写过程中，参考引用了许多文献以及相关资料的成果，得到了众多专家的热心指导、支持和帮助，在此也表示衷心的感谢！同时还要对所有关心本书撰写的领导和同事们表示衷心的感谢！

由于高原环境对装甲车辆的影响涉及的专业方向较广，新形势和技术发展对装甲车辆试验鉴定又提出了更高的要求，还有许多理论和技术正在探索完善之中，加之编写人员专业水平和工作经验有限，书中提出的某些观点和技术难免存在疏漏和不妥，恳请广大专家、读者提出宝贵建议，给予批评指正。

本书编写组

2023 年 9 月

目 录

第1章 绪　　论

1.1 环境适应性与环境试验

1.1.1 装备环境适应性

装备环境适应性作为武器装备对环境的适应能力，是武器系统在实际环境下的性能、效益、可靠性达到理想环境下的程度。装备环境适应性是装备的重要质量特性，由装备作战使用对实战性能的要求和环境对装备的影响程度来决定，虽然在使用中体现，但源于设计、制造阶段。

1. 定义及内涵

美军在 MIL－STD－810G 中对环境适应性的定义是："装备、分系统或部件在预期环境中实现其全部预定功能的能力。"预期环境包括装备从出厂、包装、运输、装卸、储存、使用、维修、换防等直到退役或报废过程中要遇到的各种环境条件，即装备的寿命期环境剖面所涉及的各种坏境条件。

GJB 4239—2001《装备环境工程通用要求》对环境适应性的定义是："装备在其寿命期预计可能遇到的各种环境的作用下能实现其所有预定功能、性能和（或）不被破坏的能力，是装备的重要质量特性之一。"

对于装备环境适应性内涵的理解应把握以下四个方面。

1）环境

定义中的环境是指装备寿命期中遇到的包含一定风险的极端环境，其基本思路是能适应极端环境的武器装备，一定也能适应较良好的环境。定义中的功能是指"能做什么"，性能是指"做到什么程度"。功能是武器装备实现或产生规定的动作或行为的能力，有功能并不能说明达到规范规定的技术指标，因此还需其性能满足要求。只有功能和性能均满足要求，才能说明该武器装备在预定环境中可正常工作并产生预定的效果，这是衡量装备环境适应性好坏的一个重要标志。另一个标志是武器装备在预定环境中不被破坏的能力。例如，在受冲击、振动等力学环境因素作用时，结构不损坏；经受高、低温和太阳辐射等大气环境因素作用时，装备材料不老化、劣化、分解和产生裂纹，电气元器件不被破坏等。应当指出，若武器装备在某一极端环境中（如－55℃以下）不能工作或不能正常工作，当环境缓和（如－20℃）后，又能恢复正常工作，只要技术规范不要求在此极端环境中正常工作，就可认为其环境适应性满足要求。许多电子设备的元器件在使用中经常出现这种现象。

2）质量特性

装备的质量特性是一个综合的概念，它包括功能、性能、安全性、环境适应性、可靠性、测试性、维修性和保障性等。环境适应性与可靠性都是装备的质量特性，它们都与装备寿命期内所遇到的环境密切相关，人们往往不能很好区分这两个质量特性。装备寿命期内一旦出现故障，人们很自然地认为装备不可靠，进而认为是可靠性问题。其实，决定装备是否可靠和好用的因素不只是可靠性，还包括其他因素。环境适应性则是其中很重要的一个，而且也是最容易与可靠性产生混淆的因素。因此，对装备寿命期出现的故障，应当仔细分析其真正原因，确定是环境问题还是可靠性问题，以便找出更合理的解决办法。

3）先天固有性

武器装备的环境适应性主要取决于其选用的材料、构件、元器件耐受环境效应的能力，这种能力的大小与其结构设计和工艺设计时所采取的耐环境措施是否完整与有效密切相关。一旦装备完成定型，其选用材料、元器件、结构组成和选用的加工工艺就冻结，其耐环境能力也就基本固定。因此，环境适应性是装备固有的质量特性，它是靠设计、制造、管理等环节来保证的。

4）后天渐变性

随着武器装备寿命期服役时间的增长及各组成部分的磨损和自然老化，环境适应性也会有所变化，通常是降低的，所以应在不同的阶段进行环境适应性评估。

实践表明，装备战术技术性能在良好的（或标准的）环境条件下符合要求，不能说明其在未来使用的极端环境中也符合要求。环境适应性对武器装备提出的适应范围主要是界定在严酷的极端环境条件下能正常储存、运输和使用。特别是对于型号装备，需要从技术发展和使用的客观规律出发，从提高作战效能和满足未来战争要求的全局出发，全面考虑寿命周期各阶段的环境适应性问题。

2. 指标定位

一个复杂的武器装备，包含的作战使用性能指标较多，而且类别不同，相互间又有很大区别。以主战装备中的硬杀伤武器为例，归纳起来主要有两种类型的指标：第一类为作战特性指标，主要是以杀伤力、控制力和生存力为主线确定；第二类为保障特性指标，以保障性要求为主线确定。

对于保障类装备，作战使用性能指标的构成与主战装备基本相同。归纳起来亦可包括两种类型的指标：一是作战特性指标，如通信设备的通信能力、防化装备中防毒面具的防毒性能、雷达设备的射频工作频率、侦察装备的侦察频率范围等；二是保障特性指标，这类指标与主战装备的属性是一样的。两种类型的指标又由若干具体指标构成，典型示例如图1－1所示。从完成作战任务的意义上讲，它们都是一个互相联系、互相交叉和互为依存的整体。所以，在我国的武器装备论证文件和标准中通常都称为武器装备作战使用性能。

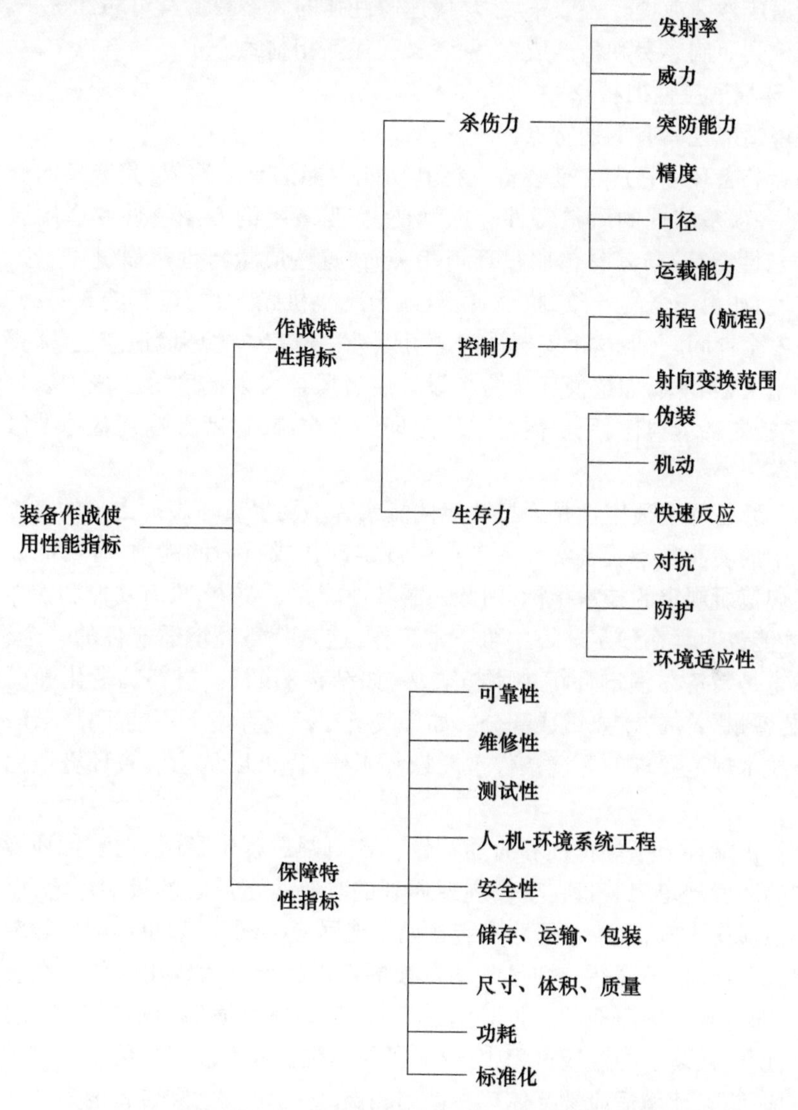

图1－1　武器装备主要作战使用性能指标构成与层次关系示例

在武器装备主要性能指标论证中，几乎所有方面的要求，如可靠性、维修性、兼容性、安全性、机动性、人－机－环境系统工程等与环境适应性要求都有密切联系，而这些方面都需要制定相应标准，论证中应从构成武器装备战术技术指标的全貌出发，在统一组织下，以实现系统优化为目标，很好地与这些指标进行协调，保证各项要求是一个有机的整体，做到内容不重复、不遗漏。

特别应该注意的是，环境适应性与可靠性之间有着既相辅相成又相互制约的关系。武器装备良好的环境适应性必须有足够的可靠性来保证才能实现,而其可靠性又必须在一定的环境背景下才能产生和确定,所以可靠性的提高和保持需要以环境适应性为前提。一般来说,环境适应性强的武器装备其可靠性也高。但是,如果考虑到研制经费和生产成本,两者又往往互相制约。

3. 环境适应性的特点

环境适应性具有下列特点:

(1) 装备环境适应性是装备发挥其功能性能的重要边界,是装备的性能底数之一,是一项基础性的质量特性。也就是说,当装备的专用特性和通用质量特性(如功能、性能等)与其具体服役环境相关时,这些质量特性可以进一步归结为环境适应性,如由于低温导致“挑战者”号航天飞机机毁人亡,这影响装备的安全性,是一个安全性问题,但这个安全性问题可以进一步定位为环境适应性,需要采取具体的环境工程方法,如选择环境防护设计或者监控发射温度等手段加以控制。另外,为了控制环境损伤,用户需要采取定期维修措施,这就影响装备的维修性和使用费用等。

(2) 装备环境适应性是通过功能性能或者不发生破坏表现出来的。环境适应性定义中的功能是指装备实现或者产生规定动作或行为的能力,有功能并不说明达到了规范所规定的技术指标,因此还需其性能满足要求,只有功能和性能均满足要求,才能说明其在预定环境中可正常工作,这是装备环境适应性的一个标志;另一个标志是装备在预定环境中不被破坏,如结构的断裂、材料的老化和腐蚀失效等,是装备耐久性的重要组成部分。如果装备在极端环境下不能正常工作,但是回到正常技术规范要求的环境条件下能恢复工作,仍可以认为装备环境适应性满足要求。

(3) 极端环境条件特性和时间特性。在研制过程中,往往把装备环境适应性定义中的环境规定为装备在寿命周期遇到的具有一定风险的极端环境,以控制过载型环境损伤为例,其基本思路是装备如果能适应极端环境,也能适应较温和的一般环境,所以装备环境适应性是装备在极端环境条件下表现出来的。在装备使用过程中,随着装备寿命期的服役时间的延长,某些环境损伤会不断累积,表现出时间特性,所以在装备的使用过程中,要通过使用维护等手段保持装备本身的性能和功能,这时装备环境适应性又体现在使用和保障过程中,并和装备的耐久性或者寿命直接相关。

(4) 装备先天固有特性和环境影响的统一。影响装备环境适应性的因素分为内因和外因,内因是装备先天固有的特性(如材料、元器件、构件和空间形状特性),外因是装备外部所遭受的环境条件。所以,装备环境适应性的好坏不仅取决于装备选用的材料、元器件,也取决于设计和使用过程,装备研制、制造加工、使用、维护乃至报废的全过程对装备的环境适应性都有影响。如果从环境因素的来源来看,又分为人为因素和客观因素,但一般情况下影响装备环境适应性的各种因素并不是孤立的，既存在内因也存在外因，既存在人为因素也存在客观因素。因此装备的环境适应性需要靠研究、设计、制造、管理等环节来保证。

（5）环境适应性问题具有特殊性和个体性。和一般装备的功能、性能不同，环境适应性与装备的具体服役环境有关，同一型号的产品在某种环境下具有良好的环境适应性，而当环境改变时，装备的环境适应性也会发生改变，因此环境适应性问题有特殊性；另外，通过对每一个装备所经历环境的具体分析，可以研究具体装备特性，如与可靠性中批次性的统计寿命不同，环境适应性中所指的寿命是具体装备在具体环境条件下个体的寿命，所以环境适应性更适用于小子样产品，并可以对不同个体的装备进行定寿和延寿。

4. 与其他装备质量特性的关系

反映装备一组固有特性满足要求的程度称为装备质量，这里的“要求”指用户明示的、通常隐含的或必须履行的需求或期望。现代质量观念认为，质量包含产品（或装备）的专用特性、通用特性、经济性、时间性、适应性等方面。产品（装备）的专用特性可以用性能参数和指标来定义，如发动机的输出功率，因不同的型号而有所差异。产品（装备）的通用特性描述了产品（装备）保持规定功能和性能指标要求的能力，它包括产品（装备）的可靠性、维修性、保障性、安全性、测试性等，如发动机能连续工作若干小时并保证在此期间输出功率不低于规定的值。通用特性对各类产品来说是基本通用的；经济性是指产品的寿命期费用，指在产品的整个寿命期内，为获取并维持产品的运营所花费的总费用；时间性是指产品是否能按期研制交付；适应性反映了产品满足用户需求、符合市场需要的能力。

装备环境性作为一项更为基础的装备质量特性，是从环境对装备的作用角度来考虑的，所以往往并不抽象地表现为装备的一个直接的质量特性，而是通过影响装备其他质量特性表现出来的。例如，由于环境因素的作用，飞机隐身功能下降甚至消失就是通过功能变化表现出环境适应性问题的。当然装备的质量特性并不一定都会受到环境的影响，只有那些受到环境影响的质量特性才与环境适应性相关。图1-2所示为装备环境适应性和装备质量特性关系示意图。

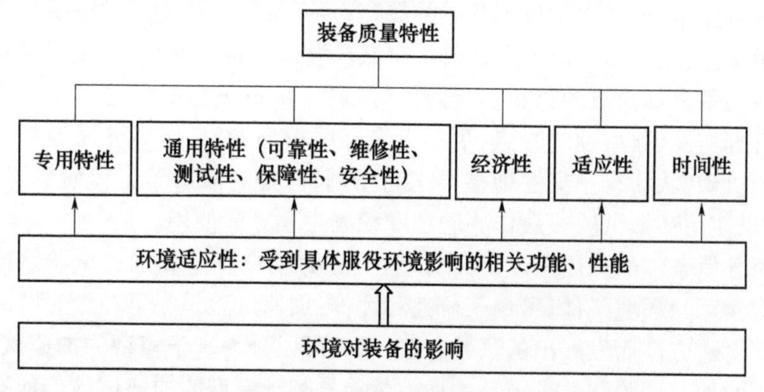

图1-2　装备环境适应性和装备质量特性关系示意图

环境适应性不是直接从装备的本身来定义的，而是从装备与环境作用的角度用性能、功能本身来定义的，所以装备的环境适应性不是抽象出来的装备的一个性质，而是具体装备在具体环境下表现出的质量特性，对不同装备的具体使用环境，考虑环境适应性问题会千差万别。环境适应性的提高，必然会提高装备在具体环境下的功能、性能。也正因为如此，环境适应性工作的专业性更强，要解决的是更为直接的工程问题，环境适应性的提高必然会提高装备的其他质量特性，所以是更为基础的质量特性。

装备环境适应性是从环境与装备作用的角度来定义的，因此在研制初期，一般把装备的环境适应性指标规定为装备服役的一系列的环境条件，研制过程中这些环境条件一方面可以进一步转化为通过一系列的环境试验要求，另一方面还可以和装备的其他质量特性指标相结合而细化成更为具体的指标和要求。例如，在海洋环境下服役的装备，不仅要通过针对海洋环境试验考核，而且完成其寿命、维修性指标也需要从恶劣海洋环境对装备的作用角度出发来开展相关的环境适应性技术和管理工作。另外，环境适应性实际上包含了装备用户非定量的甚至是隐含的要求，这就需要用户和研制方在装备研制过程中充分沟通才能将很多需求的细节挖掘出来。

1.1.2 环境试验

1. 环境试验的分类

装备的环境试验的最终目的是保障和提高装备的环境适应性，装备环境试验水平的高低对确保装备环境适应性起着重要作用。按照不同的原则，可以对环境试验进行不同的分类。

按照环境条件的来源，环境试验可分为实验室环境试验、自然环境试验和使用环境试验，自然环境试验和使用环境试验有时又合称现场试验。实验室环境试验又可以分为单因素环境试验和多因素综合（组合）环境试验，单因素环境试验具有试验周期短、试验结果重现性强、易于开展分析研究等特点，特别适用于对工程研制过程进行控制，也适用于技术基础的研究；多因素综合环境试验主要用于模拟复杂的环境条件，主要用于研究和评价。自然环境试验是在典型和/或极端自然环境条件下对装备及其构成的材料、元器件、零部件、单机进行的环境试验。自然环境试验具有真实性、典型性的特点，更接近实际服役环境，自然环境试验可以分析环境损伤的机理，从而有预见性地指导工程研制，但是它滞后于工程研制，分析研究困难，所以使用环境试验一般作为验证和积累工程经验使用。

按照环境条件的作用强度，环境试验可分为模拟试验和加速试验。模拟试验追求模拟实际的环境条件，可用于研究和评价；加速试验是为了在较短时间内评价装备的环境适应性而发展出的试验方法，它又可以分为基于模型的加速试验、基于试验观察的加速试验和基于统计的加速试验。基于模型的加速试验是依据环境因素与装备性能退化之间的关系模型,用高环境量值下的试验结果推断实际低环境量值下的装备的环境适应性;基于试验观察的加速试验是通过直接观察、化学分析、显微镜观察等方法确保失效机理一致而进行的加速试验,该方法对机理定性更可靠,但人的主观判断影响较大;基于统计的加速试验是直接根据大样本的加速试验数据进行统计,但由于试验量较大,不适用于大的系统或者昂贵的装备。

按照环境因素性质及其损伤机理,环境试验可分为力学类环境试验、气候类环境试验、化学和生物类环境试验,以及其他类环境试验。

按照试验手段,环境试验又可分为实物环境试验和虚拟仿真环境试验。实物环境试验较为可靠,但是试验成本高,甚至在经济上有时不可行;虚拟仿真环境试验成本低,但是需要深入的理论分析和足够的基础数据,目前,虚拟仿真环境试验一直是研究人员探索的方向。

按照针对装备的层次,环境试验还可分为材料、元器件和零部件,组件、大部件和单元,单机设备、分系统和系统等不同层次的试验。

环境试验分类与特点见表1-1。

表1-1　环境试验分类与特点

分类原则	试验类别		特点
按照环境条件的来源	实验室环境试验	单因素环境试验	试验结果重现性强、易于开展分析研究,特别适用于装备的研制、生产和质量控制
		多因素综合(组合)环境试验	能更好地模拟复杂环境条件,主要用于研究和评价,试验成本高
	自然环境试验		试验具有真实性、典型性的特点,试验获得的基础数据对工程有很大的应用价值,但试验周期长、重现性差
	使用环境试验		试验最为真实,但往往只能用于事后补救,分析研究困难
按照环境条件的作用强度	模拟试验		追求模拟实际的环境条件,可用于研究和评价
	加速试验	基于模型的加速试验	依据环境因素与装备性能退化之间的关系,用高环境量值下的试验结果推断实际低环境量值下装备的环境适应性
		基于试验观察的加速试验	通过直接观察、化学分析、显微镜观察等方法,在确保失效机理一致情况下进行加速试验,该方法对机理定性更可靠,但人的主观判断影响较大
		基于统计的加速试验	直接根据大样本的加速试验数据进行统计,但由于试验量较大,不适用于大的系统或者昂贵的装备

续表

分类原则	试验类别	特点
按照环境因素性质及其损伤机理	力学类环境试验	根据专业知识进行分类试验
	气候类环境试验	
	化学和生物环境试验	
	其他类环境试验	
按照试验手段	实物环境试验	较为可靠,试验成本高
	虚拟仿真环境试验	成本低,需要深入的理论分析和足够的基础数据
按照针对装备的层次	材料、元器件和零部件	研究性、基础性和积累性的环境试验
	组件、大部件和单元	可为装备环境适应性提供基础性数据
	单机设备、系统和分系统	在装备研制中广泛使用

2. 环境试验的地位和作用

环境试验遍及并超出产品寿命期全过程,从某一产品立项前到制成样机,直至产品投入使用后的一段时间内,均需要进行各种类型的环境试验。按照GJB 4239—2001《装备环境工程通用要求》的规定,装备的环境试验可分为自然环境试验、实验室环境试验和使用环境试验,这三类环境试验在产品寿命期中都起着重要的作用。

1) 自然环境试验的地位和作用

自然环境试验是一项基础性试验工作。在型号立项前进行,目的是积累货架产品(材料、工艺、元器件等)对各种自然环境的适应性数据,为研制中设计人员选用货架产品提供依据。在工程研制阶段,自然环境试验若能快速得到结果,就可作为工程研制试验的组成部分,确定选用的材料、工艺和元器件的不适用性,以改用其他材料、工艺和元器件。随着自然环境加速试验技术的发展,有可能在很短时间内评价出产品的自然环境适应性,从而使其更全面地用于产品的研制阶段。自然环境试验另一个重要的用途是在鉴定定型和使用阶段用于评价产品在存放、储存和运输状态时对自然环境的适应性。

2) 实验室环境试验的地位和作用

实验室环境试验主要用于型号研制、生产阶段,既可以作为设计的组成部分,帮助发现设计和工艺缺陷以改进设计,又可以用以考核设计制造的产品的环境适应性是否符合合同规定要求,作为其设计、工艺定型的决策依据和批生产产品出厂验收的决策依据,还可以用来获取产品对向其施加的环境应力的物理响应特性信息、薄弱环节和确定产品耐环境应力的工作和破坏极限,从而为用户正确使用此产品及制订合理的备件保障计划提供依据。因此,实验室环境试验是装备环境工程工作的重要组成部分,是装备研制生产过程提高环境适应性和验证装备环境适应性满足规定要求不可缺少的手段。

3）使用环境试验的地位和作用

使用环境试验主要用于使用阶段，用来评价在实际使用条件下装备真实的环境适应性。如可能，使用环境试验在装备研制后、定型前就可开始进行，以通过更真实的使用环境来发现实验室试验无法发现的设计和工艺缺陷，从而与实验室环境试验互为补充、帮助改进产品设计和验证改正措施。

3. 环境试验与可靠性试验的关系

众所周知，试验和评价是贯穿于产品研制和生产过程的一项重要活动，是帮助产品设计改进和验证产品设计水平是否达到合同要求的手段，也是验证批生产产品环境适应性是否仍然保持达到合同要求的手段。就环境试验和可靠性试验而言，各阶段试验大致包括工程研制阶段的试验、鉴定定型中的试验、批生产质量稳定性试验和验收试验三种类型，见表1－2。可以看出，环境试验和可靠性试验几乎同样贯穿于产品研制和生产的各阶段，而且各相应阶段的试验工作的性质基本相同。这些试验基本上都采用实验室试验方法在规定的受控环境中进行，所用的环境应力类型和试验设备也有类似之处。

表1－2　产品研制生产阶段的试验工作项目

项目	研制阶段		生产阶段		最终验收前
	研制过程	投产前	生产过程中或结束时	交付前	适当时机
环境试验	环境适应性研制试验	环境鉴定试验	—	环境验收试验	环境例行试验
可靠性试验	ESS和可靠性研制/增长试验	ESS和可靠性鉴定试验	环境应力筛选试验（ESS）	ESS和可靠性验收试验	—

人们常常误把环境试验和可靠性试验看作相同的试验，可以互相取代，从而导致误用这两种试验，造成不良的后果。事实上，这两种试验在试验目的、使用应力的种类、应力施加的方法、环境条件确定准则、试验时间确定方法、故障考虑等方面有着很大的区别，通常只有通过环境鉴定试验的产品才能进行可靠性鉴定试验。

1）环境试验是可靠性试验的基础和前提

环境试验和常规性能试验一样，都是证明所设计的产品是否符合合同要求的试验，也是最基本的试验。因此，它在产品研制各阶段均应在可靠性鉴定试验前进行。只有常规性能试验证明其在实验室环境中的性能已符合设计要求的产品才能提供做环境试验，只有通过环境鉴定试验的产品才适于投入可靠性增长试验。

美国军用标准MIL－STD－785B中明确指出："应该把MIL－STD－810D中描述的环境试验看作可靠性研制和增长的早期部分，这些试验必须在研制初期进行，以保证有足够的时间和资源来纠正试验中暴露的缺陷，而且这些纠正措施必须在环境应力下得到验证，并将这些信息作为可靠性大纲中一个必不可少的部分纳入故障报告、分析和纠正措施系统。"

可见，环境试验是可靠性试验的先决条件，它对提高产品可靠性起着重要作用。在某些情况下，环境试验、可靠性试验和性能试验的时间和出现的故障可用于大致估计产品的初始可靠性。

2）可靠性试验和环境试验只能相互补充，而不能互相取代

由于这两类试验在试验目的、所用应力、时间和故障处理等方面均有很大区别，所以不能互相取代。盐雾、霉菌、湿热、太阳辐射、爆炸大气、淋雨等试验不能用可靠性试验代替是显而易见的，但温度和振动试验在这两类试验中都有，似乎有重复。仔细研究这两个应力在这两类标准中所用的量值是完全不同的，如果要进行折算，势必引入放大或缩小系数。各种产品的材料和结构不同，对温度和振动的响应特性各不相同，很难找出各种产品的这种系数，更难得到统一的系数；另外，正如前面所述，各种试验都有自己的目的和基本条件，如进行可靠性增长试验时，一个重要条件是确定故障判别准则，如果产品基本性能是否达到尚不清楚，就谈不上建立判别准则。因此把原来分布在各个不同阶段和时期的各种不同目的的试验压缩到同一时间点进行，会使许多问题堆积到一起处理，结果易造成混乱，失去了各种试验所应遵循的基本规律，反而贻误时间和进度，造成更大反复和浪费，显然这是不可取的，环境鉴定试验与可靠性鉴定试验的区别见表 1－3。

表 1－3　环境鉴定试验与可靠性鉴定试验的区别

项目	环境鉴定试验	可靠性鉴定试验
试验目的	确定产品对环境的适应性，确定产品耐环境设计是否符合要求	定量鉴定产品的可靠性，确定产品可靠性是否符合阶段目标要求
环境应力类型数量	涉及产品寿命期内会遇到的大部分对其有较重要影响的环境，包括气候、力学和电磁环境。GJB 150 中规定了 19 个试验项目。实际产品试验时，应根据其寿命期将遇到的环境及其受影响程度从标准中选取相应试验项目。常用鉴定试验有 10 个以上项目	选取使用寿命期内对产品可靠性有较重要影响的主要环境，仅包括气候和力学环境中的温度、湿度和振动，并且将电压波动和通、断电作为电应力纳入试验条件
应力施加方式	各单因素试验和多因素综合试验，以一定的顺序组合逐个施加	以循环形式反复综合施加。由于要求各环境应力综合在一个试验箱中进行，从工程上实现可能性出发，只有将对产品可靠性最有影响的应力进行综合
环境应力选用准则	基本上采用极值，即采用产品在储存、运输和工作中遇到的最极端的环境作为试验条件。这一准则是基于这样的设想，即产品若能在极端环境条件下不被损坏或能正常工作，则在比此极值温和的条件下也一定不会被损坏或一定能正常工作。此极值应是对实测数据进行适当处理（如取一定的风险）得到的合理极值	采用任务模拟试验，即真实地模拟使用中遇到的主要环境条件、动态变化过程以及各任务的相互比例。可靠性试验中，产品只有一小部分时间处在较严酷环境作用下，大部分时间是处在工作中遇到的较温和的环境应力作用下。其时间取决于相应任务时间比

续表

项目	环境鉴定试验	可靠性鉴定试验
试验时间	每一项试验的时间基本上取决于选用的试验及具体试验程序，只是由于试验各阶段进行性能检测所需时间不同而产生一些差别。目前，国内外各种环境试验标准规定的几十种试验方法中，除霉菌试验28天和湿热试验最长240h外，一般环境试验不超过100h，试验时间比可靠性试验短得多	可靠性试验时间取决于要求验证的可靠性指标大小(校验下限(θ_1)和选用的统计试验方案以及产品本身的质量(MTBF真值))。可靠性试验的结束不一定以时间为准而应进行到受试设备试验的总台时数达到规定值或进行到按方案能做出接受或拒收为止
故障	环境试验中一旦出现故障，就认为受试产品通不过试验，试验即告停止并进行相应决策	可靠性鉴定试验是以一定的统计概率表示结果的试验。根据所选统计方案决定允许出现的故障数，出故障后不一定拒收

1.2 装甲车辆高原环境试验

装甲车辆是指具有装甲防护的各种军用车辆。在GJB 742—89《装甲车辆术语、符号》、GJB 2937—97《装甲车辆术语》中对装甲车辆进行了规定，按用途可分为战斗车辆和保障车辆；按行动装置结构可分为履带式车辆和轮式车辆，具体可分为坦克、步兵战车、装甲输送车等。从使用运用角度看，由于其主要用于承担突破、追击、迂回以及纵深打击等作战任务，需要在能够满足复杂地形和气候环境越野机动要求的同时，具有强大的火力和坚固的防护。从技术构成上看，装甲车辆是集机动、火力、防护、信息为一体的复杂系统，通常装甲车辆按照系统功能划分为推进、火力、防护、电气等，具有技术复杂、价值高昂、综合集成度高等特点。

装甲车辆在寿命期内的储存、运输和使用过程中必然会受到外界各种环境因素的影响。在单独、组合和综合环境因素的作用下，会导致构成装甲车辆的材料、结构、部件、系统以及装甲车辆本身的功能发生变化，影响使用效能的发挥，甚至会造成功能失常和产品损坏，严重影响作战使用，因此把装甲车辆耐受环境所导致的各种作用而实现其功能、性能并不被破坏的能力称为装甲车辆的环境适应性。装甲车辆高原环境适应性就是其在高原特有环境因素，如气压、氧含量、温度冲击、太阳辐射等环境条件作用影响下，实现各功能、性能且保持不被破坏的能力。

由于装甲车辆的使用环境剖面跨度大，不仅需适应高温、低温、湿热、淋雨以及冲击、振动等环境条件，还需要能够同时满足平原、高原、山地等地形条件的要求，专门围绕装甲车辆高原环境特有因素而进行开展的环境适应性研究、分析、论证、设计、试验、管理等一系列活动，就是装甲车辆高原环境适应性工程。

1.2.1 研究范围和类别

1. 对象范围

高原试验属装备环境工程试验范畴，泛指将装备暴露于特定的高原环境中，确定环境对其影响的过程。按GJB 6117—2007《装备环境工程术语》，环境试验一般包括自然环境试验、实验室环境试验和使用环境试验。自然环境试验指将被试装备长期暴露于自然环境中，确定自然环境对其影响的试验；实验室环境试验指在实验室内按规定的环境条件和负载条件进行的试验；使用环境试验指在规定的实际环境使用条件和服役条件下考核装备环境适应性水平的试验。

GJB 4239—2001《装备环境工程通用要求》规定，在方案和工程研制阶段，应进行环境适应性研制试验、必要的使用环境试验和自然环境试验；在鉴定定型阶段，应进行环境鉴定试验和必要的使用环境试验。根据术语解释，环境适应性研制试验和环境鉴定试验属于实验室环境试验类型，实验室环境试验的实施依据GJB 150A—2007《军用装备实验室环境试验方法》开展。这里主要整理了以使用环境试验为主的装甲车辆高原试验情况，重点分析以往高原环境实际条件下的试验项目设置、考核方法、场地设施要求和评价方法等相关内容。

2. 试验分类

按照不同的分类标准，装备试验有以下分类方法。

（1）按试验组织方式可分为工厂试验、试验基地试验和部队试验等。

（2）按被试装备技术特性可分为常规武器试验、导弹航天装备试验、电子信息装备试验、新概念武器试验、空气动力试验等。

（3）按试验的条件可分为内场试验和外场动态试验等。

（4）按试验阶段可分为演示验证、性能试验、作战试验和部队在役试验等。

（5）按试验项目和内容可分为战术性能试验、技术性能试验、质量完好性和保障性试验、人－机－环境工程试验和地区适应性试验等。

（6）按试验目的可分为鉴定定型试验和专项科研试验等。

高原环境下的鉴定定型试验是装甲车辆鉴定定型的重要环节和定型的重要组成部分，是由国家认可或指定的试验单位，按照批准的装备试验大纲，对拟定型（鉴定）的装备进行高原地区适应性的考核活动。高原鉴定定型试验的结论是装备鉴定定型环境适应性评价的重要依据。

专项科研试验是在装备论证、设计、研制、使用全寿命过程中，对新方案、新技术、新材料、新工艺或为了掌握和评价装备使用情况等特定目的开展的试验活动，一般可由装备试验机构、论证部门或研制部门组织开展。专项科研试验可根据要求在装备全寿命各个阶段开展，与鉴定定型试验考核区别在于不是一种达标考核，测试结果为探索分析、改进优化装备方案、设计、使用的正确性、规律性等提供支持。

1.2.2 装甲车辆高原试验作用

装甲车辆高原试验是武器装备研制过程中十分重要的工作，重点考核装甲车辆在高原环境和使用条件下完成规定功能和性能的能力。这里的高原试验主要是指由军方主导的试验，其作用主要有以下几个方面。

1. 及早发现问题和消除风险

经过军方主导的试验后即准备批量装备部队，在试验过程中发现问题并及时消除，直接影响部队战备训练任务的完成，发现装备存在缺陷越早，问题就越容易解决，代价就越小。例如，某型在原基型坦克基础上进行了发动机功率提升，但未进行过高原试验。配备至西藏地区高原部队后，出现了气缸垫烧蚀、发动机拉缸、起动困难、燃烧不充分等问题，60 多台装备中近 1/3 出现损坏，严重影响了部队的训练演习任务。针对暴露的问题，研制方分别于 2010 年、2011 年、2012 年采取减少供油量、调整蒸汽活门压力、更换冷却液、增加节温器等措施进行改进并试验验证，取得了一定的效果。因此，在配备前进行试验，可在配备之前发现装备固有的环境适应性问题，有效消除或降低风险。

2. 为装备定型提供依据

根据国务院、中央军委颁发的《军工产品定型工作条例》的要求，凡拟正式装备部队的新型武器、装备器材等产品（不含战略核武器），均应进行产品定型，同时规定定型试验是产品定型必须符合的标准和要求。鉴定定型试验的目的一般是为产品设计定型提供依据，试验结论除包括对装备是否达到批准的战术技术指标和使用要求外，一般还要做出是否具备设计定型条件的结论。装甲车辆在论证时，要求其使用环境能够适应我国全地域，高原环境适应性是重要的功能性能和使用考核指标。高原试验是鉴定定型试验中不可或缺的一部分，其试验结果为决定鉴定定型试验提供数据支撑。

3. 为部队使用提供参考

试验过程中对装备的使用操作进行评价，并提出相应的对策，能够有效地指导部队使用新装备，为装备编配提供支持、促进装备战斗力生成。为了促进战斗力的快速形成，将以往试验中取得的经验及时、有效地转化为作战部队的强化训练方法，并指导其演练新装备的作战方法。在培训首批使用部队方面，除了保证其掌握系统的技术性能外，还需要配套出台相应的操作使用和维护管理条例，制定适用的作战原则和战术指南。如果忽视了试验与鉴定的实践积累，战斗使用研究就难以继承珍贵的试验数据，训法和战法的效果评价也就得不到试验鉴定理论的支持。

例如，2012 年高原试验结果表明：某型坦克在高原地区机动性能有所降低，发动机须加温后才能起动，增加了战斗准备时间，调整油量发动机的整车使用可靠性较好，能够适应高原环境；未调整油量发动机坦克出现油压偏低现象，不适应高原环境。根据高原试验的结果，提出了该型坦克在高原地区使用时采取减油措施、增装制氧装置和完善车辆高原使用规范的改进措施和建议，部分解决了使用过程中突出存在的问题。

1.2.3 装甲车辆高原试验特点

1. 以高原环境条件为背景，试验项目设置针对性强

高原试验主要验证装甲车辆在高原环境作用下能实现其所有预定功能和性能不被破坏的能力。试验目的、试验内容均与高原环境特性有关，用来补充和证实武器装备在常温地区试验所取得的试验数据资料，对于高原环境条件下预测试验结果没有不同的性能试验项目原则上不再开展，试验的针对性强。

2. 气候环境多变，环境风险性波动大，试验周期短

环境适应性试验一般要求考察装甲车辆耐受最恶劣的环境而预定的功能、性能不被损坏的能力，高原试验环境条件除气压环境因素外，还要考虑气温的因素，即高原的低气压、低温影响。为了更充分地验证装备高原环境适应性，试验季节应选择冬季开展。对装备开展极限条件下的环境试验前，要进行模拟极限环境条件下实验室环境试验。

3. 装备特征差异大，试验条件复杂

装甲车辆包括坦克、步兵战车、自行火炮、抢救抢修装备等，涉及发动机、变速箱、火力火控、电子电气、综合防护等多技术领域，已编配及拟编配高原陆军装备达几百余型，试验海拔要求在2000～5000m，试验环境条件覆盖范围较大，环境条件复杂，技术特征差异明显。

4. 场地设施、测试手段要求灵活，环境恶劣，试验组织、保障难度大

随着装甲车辆日趋高技术化，对装甲车辆实施有效的测试、测量、控制提出了更高的要求。同时，目前陆军装甲车辆无固定试验场区，实施高原试验时对场地设施的选址、测试手段的选用提出了更高的要求。高原环境条件不仅对装甲车辆影响较大，同时对操作人员和仪器设备也会产生影响，再加上高原地区后勤保障条件有限，加大了试验组织、保障的难度。

1.2.4 装甲车辆高原试验程序

装甲车辆高原试验程序，是为实现装甲车辆高原试验目标而对试验全过程各项工作进行的活动，是装甲车辆试验指导思想和原则的具体运用。其主要分为以下三个阶段：试验准备、试验实施和试验总结。

1. 试验准备

试验准备阶段主要是依据已明确的试验任务类型、被试品使命任务和战技指标编制试验大纲，然后依次细化为可具体实施的试验实施方案和试验指导书。在试验开始前，还应做好场地勘察、试验仪器设备准备工作，考虑到高原条件下试验人员对试验实施的影响，高原试验前还应将人员休整作为一项重要工作内容。

1）编写试验大纲

试验类型不同，编写高原试验大纲的程序有所不同。针对专项科研试验，根据试验目的、装备特点以及任务要求，一般需单独编写高原专项试验大纲并组织评审；针对鉴定定型试验，高原试验一般作为鉴定定型试验的组成部分，相关的试验内容、要求在鉴定定型试验大纲中一并明确。

2）编制实施方案

依据批复的试验大纲编制实施方案，明确任务来源及要求、装备技术状态、试验进度安排、阶段划分及各阶段的评审、试验用到的标准和规范、试验中需要解决的主要技术问题、关键技术的解决措施及可行性分析等。

3）编制试验指导书

针对试验大纲规定的试验项目编制试验指导书，细化试验操作流程、实施方法，确定测试仪器设备、数据处理方法等内容。

4）场地勘察

根据试验大纲规定的场地要求，提前对试验场地进行勘察，对试验筹划中涉及的场地资源及相应保障资源进行检查，重点对如弹药、油料存放，射击场地警戒区域划定，维修保障资源配备等要素进行提前摸底和筹划，以满足试验所需的资源要求。

5）试验仪器设备准备

根据试验指导书规定的试验仪器设备，编制试验所需仪器设备汇总表，组织仪器设备管理人员对仪器进行标定和检查维修，对缺少的仪器设备，组织采购或委托其他单位完成该项试验。

6）人员休整

根据装甲车辆高原试验海拔高度要求，试验场地海拔应在4500m以上。为保障装备试验顺利进行，参试人员在进入试验场地前一般应在3000m左右场地进行休整2~3天，降低试验人员高原反应。

2. 试验实施

依据试验大纲，按照试验计划、试验方案，成立试验组织机构，组织实施试验工作。从现有战斗条令和检验新型作战理论等方面出发，着眼于装甲车辆作战性能和作战任务需求，以装甲车辆作战使用过程中各种作战样式和作战训练、作战准备、作战实施等各环节为依托，优化论证装甲车辆试验项目，保证试验项目既涵盖各系统层次的评估内容，又不至于出现相互交叉重复的情况，保证对试验信息的高度可采集性。

1）组建高原试验机构

高原试验机构包括试验指挥机构、组织实施机构和后勤保障机构。制定各级参试人员职责、试验保密守则、试验质量保证措施、试验安全防事故措施等。

2）被试样品交接

针对专项试验，根据试验大纲规定的被试样品交接技术条件，与承研单位办理交接手续,明确被试样品技术状态。高原试验一般应在完成交接并开展常温地区试验后进行,主要进行试验前技术状态检查。

3)定期报告

根据试验大纲规定的试验项目、试验实施计划组织试验,填写试验日志,详细记录每日试验过程和试验完成情况,对主要试验项目和故障进行拍照、录像,并根据试验要求,编写定期试验情况反映和阶段试验情况反映。

4)中断或终止试验

高原试验实施过程中,存在中断或终止试验情况。出现下列情况之一时,应暂停试验并向上级机关提出中断试验或终止试验报告,由上级机关上报陆装定委,同时抄送有关单位。

(1)根据试验结果,正样车主要战术技术性能明显达不到研制任务书规定的指标要求。

(2)由于正样车技术状态或质量问题,不能保证试验安全进行。

(3)正样车主要部件或系统故障频繁,有严重设计或制造缺陷,使试验无法正常进行。

高原试验中断后,承研单位负责组织查明原因、采取措施,经验证存在的问题已得到解决后,承研单位会同主管军代表室向陆装定委提出恢复试验申请,经批准后恢复试验。终止高原试验的被试正样品按状态鉴定未通过处理,应整理全部技术资料并归档。

3. 试验总结

试验总结是对高原适应性试验阶段内试验情况进行分析研究,并做出相应的试验总结报告,包括试验报告、技术总结报告和研究报告等。装甲车辆试验总结对于分析装甲车辆高原环境适应性,总结试验经验教训,提高试验水平,探索试验新模式、新内容、新方法,为后期装甲车辆试验工作提供指导等方面,具有重要意义。

1.2.5 装甲车辆高原试验现状

2000年以前,仅在甘肃祁连山、青藏线进行了坦克、步兵战车、输送车等装甲车辆的高原适应性试验。1991年、1995年相继制定并颁布了工程机械、装甲车辆高原地区适应性试验规程,明确了高原地区适应性试验的要求和内容。近年来,逐步按照相关规定和标准的要求,对装甲车辆相继开展了高原适应性试验和专项科研试验。发现了装甲高原环境条件下车辆动力性能下降、热负荷增大、发动机起动及整车起步困难等问题。

2009年、2012年和2013年,专项针对武器系统进行了高原适应性试验,分别进行了火箭炮武器系统高原适应性鉴定、高原射表编拟、火箭弹、侦察校射雷达系统、机枪武器系统、狙击步枪系统、炮射导弹改进以及无人机验证飞行等试验,基本摸清了高原地区各气流层的气象要素与平原地区的差异,认清了高原环境条件下的弹道规律,完成了10余种典型武器高原射表编拟任务,发现了火箭弹高原环境空气动力特性与风洞试验结果差异巨大、装备供电系统与传统电站高原衰减理论不相适宜等技术问题。

1.2.6 高原试验基本结论

根据已开展的高原试验结果,得到高原地区现有装甲车辆的性能和使用结论如下:

(1) 动力系统在高原环境下,装甲车辆发动机功率下降、热负荷增加,影响了机动性能发挥;在起动前基本都需要进行加温,延长了战斗准备时间。

(2) 装甲车辆人机环境系统在高原环境下能够完成4h工作任务,疲劳程度为中等和偏重。增加供氧装置对乘载员进行供氧,可有效提高人员工效。人机环境系统基本适应高原环境。

(3) 作业装置中随车起重装置、液压无齿锯、绞盘与拖绳装置、20kW自发电装置、电焊设备、起动/焊接多功能电源、车载快速逆变充电机适应高原环境。30kW自发电装置、油料补给装置、高压空气压缩机基本适应高原环境。

(4) 指控通信系统适应高原环境,但由于无线通信具有易受遮挡影响的特点,高原地区的地形遮挡会严重影响无线通信距离。

(5) 侦察系统中雷达侦察系统、光学侦察系统适应高原环境;无人机侦察系统弹射性及其他性能基本适应高原环境。

1.2.7 高原试验存在的不足

1. 高原环境特性分析不深入,高原适应性试验基础理论研究有待深化

通过近年来的试验与理论研究,已逐步认清了高海拔地区由于气压低、空气密度小、含氧量少等引起的综合环境效应、低气压环境效应、温度冲击环境效应以及太阳辐射环境效应等对装备性能的影响,为陆军装甲车辆在上述高原环境条件下的试验理论和方法研究提供了重要支撑。随着远程信息化装甲车辆在高原地区的广泛使用,高原高空气象条件对装备的影响、高原地磁环境特性对需要地磁导引的制导弹药影响依然是未知数,需要进一步验证分析。

2. 高原试验方法有待完善

GJB 59.58—95《装甲车辆试验规程高原地区适应性试验总则》所规定的试验条件,如海拔高度为1400~4000m,环境条件温度为10~46℃,以及试验项目中海拔2500m以上没有武器系统适应性试验,都与现阶段的高原试验有不一致的地方,都需要修改和完善。

3. 高原环境适应性评价和量化分析方法有待补充

首先,高原地区适应性试验的评价方法是以装甲车辆的各项指标是否满足战术技术指标来评价装甲车辆的地区适应性,缺少类似模糊评价或层次分析的综合

评价方法对整车进行高原环境适应性的评价。其次,高原环境对装备的性能影响的量化和规律性研究也有待完善,如缺乏整车功率输出量化测试方法,以及海拔高度对机动性能、指挥通信性能、武器系统性能等影响规律的研究。

目前,完成的大部分装备高原适应性试验,基本摸清了装备高原使用的底数,且提出了高原改进建议或高原使用手册,基本适应并指导高原部队使用。但装备在高原的实际使用性能的变化,不只是通过适应性试验才能得出结论。例如,火炮在高原使用时,尽管已摸清了高原的最大射程变化,但其高原使用时的极限最大射程、最大射程地面密集度等,却没能通过试验有效给出试验数据或结论;再如,导弹性能,部分导弹给出结论是可以满足高原地区使用的,但具体精度变化则没有给出详细结论。

由于研制经费投入有限,且缺乏相应性能试验数据积累,研制总要求中没能提出具体的量化指标要求。高原适应性试验中,仅开展了高原爬长坡总成热状态和高原适应性行驶等试验,没有对装备的机动性、经济性、起动性等主要高原作战使用性能和使用可靠性能等进行全面考核,同时也缺乏相应的试验和评价方法。

4. 缺乏基于高原环境条件的使用和作战试验方法研究

历年的高原试验都是以装甲车辆的性能试验和可靠性试验为主,只是对装备是否适应高原环境进行短期的适应性试验,但对其在高原地区的作战性能和作战适用性考核不够全面,缺乏与部队使用和作战相结合的试验方法,致使装甲车辆交付部队使用之后,仍然出现使用和作战脱节的地方,对于高原特殊使用环境和作战方法的试验研究有待完善和加强。

5. 试验季节性特点明显,试验强度不充分

由于经费安排不足,试验方法存在一定的局限性,以往的高原适应性行驶试验仅在青藏线、新藏线等路面条件较好的国道上进行了 3000km 的行驶试验,试验时间均选在气候条件最好的 7、8 月份,试验里程和时间短,路面强度弱,与车辆装备常年在高原地区复杂条件下使用的实际情况不符。防化装备高原适应性试验一般选择每年的 6—9 月进行,时间相对固定且周期较短,不能全面反映高原条件下四季环境对装备的影响,特别是冬季条件下,个人防护装备的穿戴持续作业能力等可能会受影响。

6. 试验条件和测试手段需要进一步完善

装备高原适应性试验基本以摸清高原使用底数为目的,以装备操作使用作为主要试验方法和手段,验证装备适应性,其试验的环境条件、测试手段十分有限,很多装备的高原实际使用的性能变化基本未能有效摸清,因此,需要进一步完善试验条件和测试手段。由于没有专门的高原试验基地,技术性能测试手段相对缺少,导致高原试验更侧重使用性能,技术性能测试相对薄弱。例如,防化装备测试需要的毒剂和放射性辐射条件无法再现,只能进行模拟试验考核。工程装备没有专门的高原试验场地,近年来组织的试验多在青海格尔木、新疆克克吐鲁克、西藏羊八井、拉米山、拉萨等地区进行,场地不固定,缺少各种配套设施,组织实施和保障困难,造成试验条件不统一,从而导致难以获取准确的试验数据,试验重复性较差,规律性难以寻找,对试验造成问题的分析和解决难以准确定位,不利于装备性能的考核,也给装备的革新和改进带来了较大难题;试验协调难度大,而且耗费了大量的人力、物力和财力,特别是需要与部队的训练任务相协调,试验时间难以准确保障,试验安全难以保证,甚至有时会因场地或安全问题牺牲试验内容或试验强度。

1.3 本书的内容和章节安排

本书的内容和章节安排如图1-3所示。

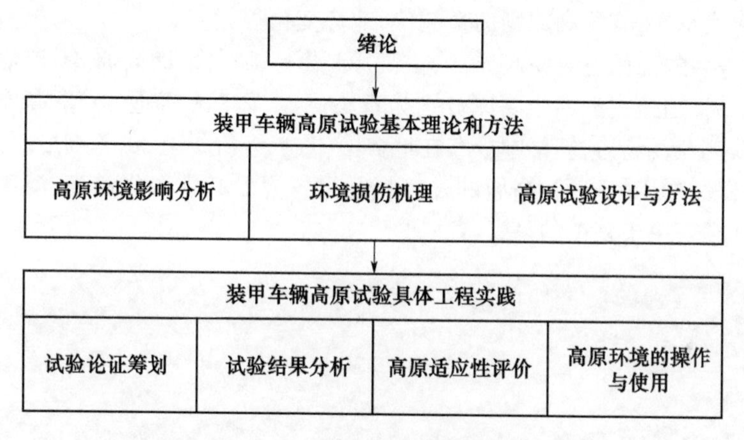

图1-3 本书的内容和章节安排

本书主体由绪论、装甲车辆高原试验基本理论和方法、装甲车辆高原试验具体工程实践三大部分构成。其中:

绪论对环境适应性、环境试验、装甲车辆高原试验涉及的范畴、发展的过程和存在的问题进行了概要介绍。

装甲车辆高原试验基本理论和方法部分,从试验所需运用的基本概念、理论分析方法角度出发,着重对高原环境影响分析、环境损伤机理、高原试验设计与方法进行了介绍,以方便理解装甲车辆高原试验的设计、实施、分析与评估。

装甲车辆高原试验具体工程实践是在20多年装甲车辆高原试验经验基础上,结合环境适应性的理论方法形成的针对高原环境适应性试验的具体工程应用,这部分内容涵盖了大量且具体的实际试验方法与试验结果,以供参考。

第 2 章　高原地理环境特点与影响

2.1　高原地理环境特点

高原是在长期连续的大面积地壳抬升运动中形成的。有的高原表面宽广平坦,地势起伏不大;有的高原则山峦起伏,地势变化很大。

世界著名的高原有青藏高原、蒙古高原、德干高原、伊朗高原、阿拉伯高原、巴西高原等。我国最大的四个高原分别为青藏高原、内蒙古高原、云贵高原、黄土高原,如图 2-1 所示。它们集中分布在地势第一、二级阶梯上,由于高度、位置、成因和受外力侵蚀作用的不同,高原的外貌特征也各异。其中海拔最高、温度最低、面积最大、地理环境最复杂的是青藏高原。

图 2-1　我国的四大高原

按照高原面的形态可将高原分为三种类型:一是地面起伏较大,顶面仍相当宽广的高原,如青藏高原;二是顶面较平坦的高原,如内蒙古高原;三是分割高原,流水切割比较深,起伏大,顶面仍较宽广,如云贵高原。

2.1.1　青藏高原地理环境特点

青藏高原旧称青康藏高原(北纬 26°~39°47′,东经 73°19′~104°47′),是中国最大、世界海拔最高的高原,平均海拔高度在 4000m 以上,分布在中国境内的部分包括西南的西藏自治区、四川省西部和云南省部分地区、青海省全部、新疆维吾尔自治区南部以及甘肃省部分地区。整个青藏高原还包括与不丹、尼泊尔、印度、巴基斯坦、阿富汗、塔吉克斯坦、吉尔吉斯斯坦接壤的部分，总面积近300万平方千米。中国境内面积257万平方千米，有“世界屋脊”和“第三极”之称。

由于海拔高、空气稀薄，青藏高原降水少，晴天多，太阳辐射强，气温比较低，昼夜温差大。青藏高原腹地年平均气温在0℃以下，大部分地区最热月平均气温也不足10℃，雪山连绵、冰川广布是该地区显著的特征。受气候和地形的影响，它是我国乃至亚洲众多河流的发源地，较大的外流河有属于印度洋水系的雅鲁藏布江、怒江以及太平洋水系的长江、黄河与澜沧江等。同时，青藏高原东南部拥有广阔的高原草场，因此它还是我国四大牧场中青海和西藏牧场的所在地，拥有耗牛、藏羚羊等特殊的畜种。它也是我国藏族人民的主要活动区域。

2.1.2　内蒙古高原地理环境特点

内蒙古高原为蒙古高原的一部分（北纬40°20′~50°50′，东经106°~121°40′），位于阴山山脉之北，大兴安岭以西，北至国界，面积约34万平方千米，包括内蒙古自治区全部、甘肃省及宁夏回族自治区北部的广大地区，东起大兴安岭和苏克斜鲁山，西至马鬃山，南界祁连，善达克沙地、乌珠穆沁沙地、呼伦贝尔沙地、科尔沁沙地等。海拔1000~1400m，南高北低，北部形成东西向低地，最低海拔降至600m左右，在中蒙边境一带是断续相连的干燥剥蚀残丘，相对高度约百米。

内蒙古高原地面坦荡完整，起伏和缓，古剥蚀夷平面显著，风沙广布，多宽广盆地，草原辽阔。内蒙古高原也是我国四大牧场之一，草原面积约占高原面积的80%，是蒙古族、达斡尔族、鄂温克族、鄂伦春族和汉族等民族长期从事畜牧业生产活动的地区。

内蒙古高原夏季风弱，冬季风强，气候干燥，降水稀少，冬季严寒，日照丰富。年均温3~6℃，1月均温-28~-14℃，最低温可达-50℃。7月均温16~24℃，很少出现炎热天气。年日照2600~3200h，是全国日照时数较多地区之一。内蒙古高原是中国多风地区之一，年平均风速4~6m/s，从东向西增大，8级以上大风日数50~90天，冬春两季占全年大风日数的60%左右，风速6~7m/s即可发生明显的起沙。高原西部，年沙暴日数达10~25天。风多而大对牧业生产不利，但却提供了高原上的重要动力资源。

2.1.3　云贵高原地理环境特点

云贵高原位于中国西南部（北纬22°~30°，东经100°~111°），西起横断山脉，北邻四川盆地，东到雪峰山。它包括云南省东部、贵州全省、广西壮族自治区西北部和四川、重庆、湖北、湖南等省边境，面积达50多万平方千米。它地势西北高、东南低，海拔在400~3500m之间。大致以乌蒙山为界，分为云南高原和贵州高原两部分。西面的云南高原海拔在2000m以上,高原地形较为明显。东面的贵州高原起伏较大,山脉较多,高原面保留不多,称为"山原",海拔在1000～1500m之间。云贵高原石灰岩厚度大,分布广,经地表和地下水溶蚀作用,形成落水洞、漏斗、圆洼地、伏流、岩洞、峡谷、天生桥、盆地等地貌,是世界上喀斯特地貌发育最典型的地区之一。

云贵高原地形复杂,矿产资源、生物资源、水能资源丰富。云贵高原属亚热带湿润区,为亚热带季风气候,由于海拔高度、大气环流条件不同,气候差别显著。夏半年主要受西南季风影响,降水丰富,雨日多,加以海拔高,所以夏季温度偏低。冬半年经常受到北方冷空气影响,势力相当的冷空气与暖空气相接触,形成气候上有名的"昆明准静止锋"。一年中干湿两季分明。在纬度、海拔高度和大气环流三者综合影响下,气温季节变化较小,高原上四季如春,所以昆明有"春城"之称。云贵高原拥有丰富多样的自然环境,造就了生物的多样性和文化的多样性。它不仅有着丰富的森林植被类型、动植物资源,还是我国少数民族种类最多的地区,各民族保留了丰富多彩的文化传统。

2.1.4 黄土高原地理环境特点

黄土高原在中国北方地区与西北地区的交界处(北纬33°～41°,东经100°～114°),太行山以西、青海省日月山以东、秦岭以北、长城以南,主要由山西高原、陕北高原、陇中高原、渭河平原组成。平均海拔在800～3000m之间,地势由西北向东南倾斜,总面积64万平方千米,包括山西的大部分与陕西、甘肃、宁夏的一部分地区。黄土高原占世界黄土分布70%,黄土厚50～80m,最厚达180m,为世界最大的黄土堆积区。黄土高原矿产丰富,煤、石油、铝土储量大。由于植被稀疏,夏季降水集中且雨量大,流水冲蚀作用强,在流水侵蚀作用下地表支离破碎,形成沟壑交错其间。

黄土高原气候较干旱,降水集中,植被稀疏,平坦耕地一般不到10%,绝大部分耕地分布在10°～35°的斜坡上。地块狭小分散,不利于水利化和机械化,水土流失严重。黄河每年经陕县下洩的泥沙约16亿吨,其中90%来自黄土高原,随泥沙流失的氮磷钾养分约3000余万吨,这也是导致黄河下游泥沙堆积,形成地上河的原因之一。

2.2 高原气候特点

高原气候的特点主要表现为气压低、年平均气温低、日温差大、太阳辐射强度大等。

2.2.1 气压

气压与海拔关系密切。在地球引力的作用下,空气依附在地球周围并形成大气压。海拔越高，气压越低。在同一高度上的大气压又随地理纬度的增加而降低，在1000～5000米范围内，递减率一般为10kPa/km。随着海拔的增加，大气压力下降，空气稀薄，空气中含氧量也随之减少。表2－1列出不同海拔高度大气压及含氧量。

表2－1　不同海拔高度大气压及含氧量

海拔高度/m	0	1000	2000	3000	4000	5000
年平均气压/kPa	101.5	90.0	79.5	70.0	61.5	54.0
含氧量(20℃)/(g/m^3)	323.0	280.5	253.4	223.4	196.4	172.1

从表2－1看出，在5000m处的空气含氧量仅为海平面空气含氧量的53%。

2.2.2　气温

气温是距离地面1.5m高度处测得的空气温度。大气对流层的最大特点是气温随海拔的升高而降低。在自由大气中，平均海拔每增加100m，气温降低0.65℃，实际上对流层各高度的递减率是不同的。高海拔地区2000m以内的最高气温一般为30～40℃之间，青藏高原的最高气温大都在30℃以内，甚至不到20℃。

平均海拔每升高100m，气温下降0.5℃。海拔1000～5000m范围内，每1000m海拔高度的最高日平均气温分别为30℃、25℃、20℃、15℃、10℃。

最大气温日较差的大小与纬度、云量、海陆分布、地势、地表性质、海拔高度和季节等因素有关。据统计，年最大气温日变化的多年平均值一般都在20～30℃之间。

最低温度主要取决于纬度和海拔高度。对于同纬度地区来说，海拔较高的地方，最低温度是比较低的，如盐池处于海拔1349m，最低温度为－28.5℃，而处于同纬度的大柴旦，海拔3174m，最低温度为－33.6℃。

2.2.3　太阳直接辐射最大强度

地球上气候不同的根本原因就是太阳辐射，太阳辐射的强度决定地理纬度。但随着海拔高度的增加，太阳光线通过大气的厚度、空气密度，水汽和悬浮物质都相应减少，太阳光透过度越大，到达地面的辐射越强。由于夏季和冬季气温相差较大，夏季气温较高，因此，夏季6—8月太阳直接辐射为全年最大强度值。随着海拔的增加，太阳直接辐射强度增大，海拔高度增加1000m，太阳直接辐射强度约增加54W/m^2。海拔1000～5000m范围内，每1000m海拔高的太阳直接辐射最大强度分别为1011W/m^2、1064W/m^2、1118W/m^2、1171W/m^2、1225W/m^2。

2.2.4　冻土

我国多年冻土主要分布在大小兴安岭、西部高山及青藏高原等地。东北冻土区的地形以丘陵山地为主,虽然海拔不高,但由于纬度高,且受西伯利亚高压空气影响,为我国最寒冷的自然区。西部冻土区,虽然部分纬度较低,但均属高山高原地区,地势高亢,深居内陆,属高寒气候。其共同特点是年平均气温低,冻结期长。青藏高原地区一般冻土层厚度均在25~120m,甚至达到175m。

2.2.5 沙尘

我国西北的黄土高原和青藏高原的沙尘较为严重。西北地区的风沙日(能见度仅为10000m)有24~68天,风暴日(能见度仅为1000m)有10~22天。沙尘的大小和风速密切相关,随着风速的增大,刮起沙尘颗粒的直径也增大。

2.2.6 积雪

青藏高原四周环山,受帕米尔、喀喇昆仑、昆仑山、喜马拉雅山、唐古拉山等的屏障作用,北冰洋、太平洋、印度洋的气候很难对高原内部的气候有显著影响,因而这里的气候干冷、降雨稀少,尤以藏北高原更甚。那里年最大积雪不到10cm。中国最大的积雪出现在新疆和东北。阿尔泰山、天山、喜马拉雅山、祁连山和西南横断山脉是中国多雪的山地,大部分地区积雪分布均表现出明显的随海拔增高而增厚的规律。

2.3 高原综合环境效应分析

高海拔地区气压低、空气密度小,含氧量少,空气密度影响火炮、火箭炮、防空高炮及各型导弹等武器系统的弹道特性、射程、射击精度和陆军兵种车辆机动性能。高原空气密度低,空气阻力小,射弹的射程将大幅度增加,尾翼稳定火箭弹、榴弹高空弹道的飞行稳定性受到很大影响,精确制导弹药制导能力降低。在高原4000m和5000m处,气压和氧压分别为海平面的60.9%和53.3%,空气密度是海平面的66.9%和60.1%。

2.3.1 低气压环境效应

1. 发热产品的温升随着大气压降低而增加

一般电机使用冷却风箱采用强迫对流散热,以保证流过电机电流的体积流量不变,当高度增加时,空气密度降低,气流的质量流量也随之降低。由于质量的减少,空气吸收的热量也减少,产品温度将随大气压力降低而升高。空气密度小,使得枪械散热能力减弱,射击后枪管温度升高快,影响精度和寿命,自动机过热容易导致机件运动失灵,可靠性降低,尤其是转管机枪等高射频装备的使用效果影响较大。

2. 低气压对密闭产品的影响

通常,大部分产品在平原地区生产并密封,当该产品在高原使用时,由于产品周围大气压降低,产品外壳和密封体将受到一个指向外壳的力,此力使外壳变形,密封件破坏,造成产品失效。有时也因密封破坏导致潮气进入产品腔内,使产品由于受潮而破坏。

3. 低气压对挥发性物质的影响

在低气压条件下液体挥发的速度将大大增加,压力降低会使润滑油(或脂)加速挥发,造成活动部件摩擦加剧,活动部件表面加速腐蚀。

4. 低气压对电性能的影响

以空气作为绝缘介质的设备,在高海拔地区使用时,常常在电场强度较强的电极附近产生局部放电现象。更为严重的是有时会发生空气间隙击穿,影响设备的正常工作。

5. 典型的低气压环境效应

(1) 密闭壳体内漏出气体;

(2) 密闭容器爆裂或爆炸;

(3) 低密度材料的物理、化学性能发生变化;

(4) 低压下电弧或电晕放电引起设备误动作或出现故障;

(5) 低压下热传递效能降低使设备过热;

(6) 润滑剂挥发;

(7) 发动机起动和燃烧不稳定;

(8) 气密密闭失效。

2.3.2 温度冲击环境效应

高温往往引起热老化、氧化结构变化、化学反应、软化、熔化及升华液体黏度下降和蒸发、物力膨胀,低温使液体黏度增加和固化、材料脆化、物理收缩、产品内结冰;而温度冲击造成反复热胀冷缩,产生机械应力。温度冲击的主要环境效应如下:

(1) 玻璃、玻璃器皿和光学设备破裂;

(2) 运动部件黏结或运动减慢;

(3) 各组成部分分离;

(4) 电子零部件性能变化;

(5) 快速凝水或结霜使设备产生电子或机械故障;

(6) 爆炸物中的固体药球或药柱产生裂纹;

(7) 不同材料的收缩或膨胀不一;

(8) 零部件变形或破裂;

(9) 表面涂层开裂;

(10) 密闭部件泄漏。

高原地区天气寒冷,最低气温一般在 -40 ~ -30℃,温差变化大,寒冷期长。温度交替快,有机材料质地变硬、变脆,光学器材易开胶和开裂,瞄具零位容易漂移,电池输出功率降低,特别是光电瞄准镜的使用受到很大限制。

2.3.3 太阳辐射环境效应

1. 光化学效应

光化学效应损坏过程最初反映在光化学性质上,是受辐射剂量和波谱分布控制的。氧是光老化过程的一个主要因素。高分子的氧化反应是一个主动催化过程,它能引起游离基的链式反应,导致加速老化。日晒的紫外线分量引起大多数材料的光化学损坏,由于它对某些橡胶和塑料的分子结构中比较薄弱的链产生有害的影响,这种破坏作用也表现为纺织品的退色,涂层、天然橡胶和塑料的龟裂。光照辐射强,武器弹药尤其瞄准镜的塑料、橡胶件老化加速,损毁严重,影响使用可靠性。光电元器件老化加快,绝缘介质强度和耐击穿能力降低,在雷电、静电作用下极易损坏,在海拔 5000m 范围内,每上升 1000m,外绝缘强度降低 8% ~13% 。

2. 太阳辐射对橡胶的影响

橡胶是聚合物材料,太阳辐射对天然橡胶和某些合成橡胶的有害影响,主要在于其链状分子结构,这种结构吸收太阳辐射的热后变软化。海拔越高,大气越稀薄,透明度越大,到达地面的太阳辐射和紫外线辐射就越强,一般海拔每升高 100m,紫外线辐射强度增加 1.3% ,海拔 4000m 时,紫外线强度比海平面强 1.5 ~ 2.5 倍。高原上强烈的阳光、紫外线照射,极低的气温和气温交变对装备外露的塑料件、橡胶件以及表面油漆影响较大,部件遇冷收缩,质地变硬、变脆,易开胶、开裂,老化加剧;金属部件表面易起雾、积霜和锈蚀,故障率增加。

2.4 高原环境对装甲车辆性能的影响

2.4.1 高原环境对机动性能的影响

1. 海拔高度对功率的影响

随着海拔高度的增加,大气压力逐渐降低,进入气缸内的空气量相应减少,导致缸内燃烧恶化,从而使功率下降,燃油消耗率升高。国内外资料表明,海拔高度每升高 1000m,非增压柴油机的功率下降 8% ~13% ,燃油消耗率上升 6% ~9% ;增压柴油机功率下降 1% ~8% ,油耗增加 1% ~6% ,其中增压中冷柴油机功率下降 1% ~4% ,油耗增加 1% ~5% 。国内众多学者对柴油机高原功率进行了试验和理论研究,得到了柴油机输出功率与海拔高度的关系,虽然结果不完全相同,但趋势基本是一致的。

2. 高原环境条件对柴油机扭矩特性的影响

涡轮增压柴油机扭矩也随海拔高度的升高而减小,适应性系数降低。这是因为低速时柴油机废气能量减小,增压器转速下降,供气量减少,影响扭矩的升高。反映在柴油机外特性上,不仅低速时最大扭矩值下降,而且最大扭矩所在转速也向高速方向偏移。

3. 高原环境条件对柴油机热负荷的影响

当功率不变时,随着海拔高度的升高,增压空气温度随着增压压比的升高而升高。这导致柴油机整个工作循环温度水平的提高。另外,柴油机在高原地区工作时由于进气量减少,过量空气系数变小,燃烧不良,因而柴油机排气温度升高。试验结果表明,海拔高度每升高1000m,涡轮增压柴油机在等喷油量的情况下,排气温度升高20~30℃。

4. 高原环境条件对涡轮增压器的影响

涡轮增压器的转速随海拔高度的升高而自动增加,这虽然可以减少涡轮增压柴油机因海拔高度的升高而造成的功率下降,但却引起了涡轮增压器转速的上升。试验结果表明,在涡轮增压柴油机热负荷允许的情况下,如在高原地区工作仍保持平原地区的功率,则海拔高度每升高1000m,增压器的转速约增加5%以上。

5. 海拔高度对冷却系统的影响

随着海拔高度的增加,会造成柴油机热负荷的增加,使柴油机冷却系统的负荷加大,必须对柴油机的冷却系统进行必要的调整。对水冷柴油机(闭式系统)来讲,造成水系统散热能力不足的原因主要是水的沸点随海拔高度的降低、冷却水与缸套内的温差减小,从而散热能力降低。

6. 高原环境对发动机冷起动的影响

高原环境的柴油机冷起动问题与低海拔高寒地区不同,不仅由于进气温度低,各旋转部润滑油流动性差,阻力加大,发动机燃烧室内的空气不易达到柴油自燃温度而造成整机难以起动;而且高海拔空气低含氧率也使低速起动的进气量不足以产生达到柴油自燃温度所必需的氧气量。高原环境的低温、低气压特点影响工程机械发动机的起动性能。低温的影响因素有三点:首先,蓄电池在低温环境下容量变小,充放电能力变慢,工作能力下降,导致起动发动机时因电能不足,不能达到正常起动时的有效工作转速;其次,由于低温下发动机润滑油的黏度变大,使得发动机各运动副不能得到有效润滑,摩擦阻力增大,导致发动机起动阻力增大;最后,柴油燃烧条件变差,致使燃油难以正常着火或不能着火,使发动机起动困难。在相同的温度条件下,低气压可导致发动机充气量减少,使得压缩终点的压力和温度下降,更不利于发动机起动。另外,发动机增压器的进气阻滞作用,也会影响发动机的起动。

7. 高原环境对热平衡的影响

高原环境对系统热平衡能力的影响主要表现为散热冷却性能变差。冷却系统向大气散热的能力主要取决于冷却液和大气的温度差。海拔越高，散热系统冷却液(水)的沸点越低，冷却器进、出口的温差越小，必然影响冷却器的散热效果，而且常出现“开锅”现象。此外，由于高原空气密度降低，同等散热条件下，单位时间内流过散热器的空气量减少，空气能带走的热量大为降低，进而影响散热效果。

8. 高原环境对传动系统的影响

对于配备全程调速器发动机与双涡轮液力变矩器的装备，发动机外特性随海拔升高而下降，整机原设计匹配点的转速和扭矩相应下降，使得发动机与变矩器匹配设计工况点较大偏离原设计值。新的稳定工作点，转速及扭矩均有较大的下降，从而使得同等工作条件下发动机的功率不能得到充分有效的发挥。受此影响，工程机械的牵引性能变化比较复杂，表现为加速缓慢，爬长坡无力、发热，影响正常使用。对于机械传动型工程机械，受发动机功率下降单一影响，牵引性能变化与发动机功率下降成正比关系。

9. 高原环境对液压系统的影响

高原环境下，由于液压系统与发动机匹配发生变化，各液压缸、液压马达等执行元件的动作随海拔高度的增加而变得趋于迟缓。受高原低气压和油箱空气滤清困难的影响，液压油箱内压力不足，而且由于起动时液压油的黏度增大，液压油泵(特别是柱塞泵)的吸油性能相对变差，极易发生吸空现象。同时，相对平原来说，高原环境中的沙、粉尘、水分等更容易进入液压系统，不仅加速了元件的磨损，更为严重的是它们很可能进入节流缝隙或液压系统中存在的小孔，引起堵塞，从而导致液压系统出现功能障碍，严重影响工程装备作业装置可靠性。

2.4.2 高原环境对火力性能的影响

1. 武器系统高原弹道变化显著，射程范围增大

高原地区空气密度低，减小了射弹的空气阻力，使得射程大幅度增加。理论计算结果表明，海拔在2000m以下时，气压对外弹道影响相对较小。而海拔在2000m以上时，对于精度要求较高的狙击步枪来说，气压对弹着点的影响应予以考虑。如果在较远距离上，气压的影响也应作为一个不可忽视的因素，尤其是海拔5000m处重机枪在1000m、1500m射距上弹道高修正量分别达到1.58m、6.62m。榴弹炮在海拔5000m射击时，全装药射程达27.3km，较平原地区增加24%，步枪、狙击步枪、班用机枪、通用机枪、重机枪射程增大。直射武器弹着点容易偏高、偏远，远距离射击瞄准点需进行必要修正。曲射武器射程变远、射弹散布变大。随着海拔高度的增加，空气密度减小，弹丸的飞行阻力减小，速度衰减和弹道沉降变缓，射程增加，同一射角弹着点随着海拔高度的增加而升高。

2. 对炮射导弹等智能化弹药命中率的影响

高原地区空气稀薄、昼夜温差大和山地地形条件，舵机控制效率下降、弹道特性发生变化、导弹命中率降低甚至“掉弹”。

高原风力、风速、气温变化快且不稳定，引起弹道稳定性变差，射弹密集度降低。以上变化均影响了武器的火力效能和对目标的打击效果。

3. 对弹药威力和作用效果的影响

（1）温压类药剂燃烧速度降低，威力变小；

（2）开放式燃烧延期装置燃速变慢，手榴弹出现长秒；

（3）小质量破片的存速能力增强，破片飞得更远，杀伤半径和安全半径增大；

（4）燃烧类和发烟类弹药因燃烧速度降低，作用效果变差；

（5）依靠弹道中空气动力产生旋转驱动力矩而解除引信保险的弹药，引信可靠解除保险距离增大等。

高原缺氧导致弹药引燃效果下降。12.7mm 重机枪配用的燃烧类弹药对目标靶后油箱或浸油纸的燃烧率有指标要求，鉴于高原地区严重缺氧，经分析会导致引燃效果降低。

4. 对遮蔽干扰效能的影响

烟幕弹遮蔽干扰效能大幅度下降。高原环境气压下降、空气密度减小，造成烟幕弹的成烟浓度低，遮蔽干扰效能大幅度下降。

5. 多弹种配用，高原弹道差异导致使用困难

某重机枪采用框式固定表尺和固定分划瞄准镜，配用的五种弹药在平原地区使用时，根据弹道一致性要求，表尺分划能够满足主用弹种与辅助弹种的射击瞄准要求。受高原环境影响，主用弹种与辅助弹种弹道高均会随着海拔高度增加而发生变化，尤其是某穿甲弹初速较高、某双头弹前/后弹头重量较轻，给射击瞄准带来一定困难，需要进行外弹道参数测试、散布密集度、表尺分划符合验证试验，但未批准进行高海拔适应性试验。

6. 人员操作影响和射击效果变化较大

射击操作的关键在于保持整个射击过程中枪身状态的平稳，然而高海拔环境对人体调节性变化加剧，其突出表现为胸闷气短，呼吸因缺氧而加快，难以实现屏住呼吸瞄准射击的操作要领，经 2010 年的高海拔适应试验证明，由于使用环境的变化，受人员状态影响而使瞄准射击的操作要领发生变化，高海拔环境对射手个体的适应性和操瞄稳定性具有明显差异，对射击效果有较大影响。

2.4.3 高原环境对指控侦察性能的影响

高原地区地形起伏较大，能见距离大幅缩短，对通信能力依赖加大。由于无线电波易被高山阻隔和吸收，信号在传播过程中衰减严重，从而导致通信距离缩短。

高原环境单兵信息装备传输能力下降。高原地区地形起伏较大，加之高原地区地磁环境复杂，空间杂波干扰大，装备通信能力下降。在风雪等恶劣气象条件下，无线电通信因电离层的变化，通话时断时续，有时会完全中断。山地架设有线通信网十分艰难,建立稳定、高效的指挥通信网络非常困难。

山地岭谷交错,视界受限,能见距离较短,不利于常规观瞄系统使用。光电观瞄器材观测距离增加。由于高原能见度较好,光学和红外辐射透过率好,光电、毫米波等探测系统作用距离发生显著变化,微光瞄准镜、红外热像仪观测距离增加。例如,热像仪在高原地区的作用距离平均可提高10%左右,激光测距机作用距离有所提高。

2.4.4 高原环境对电子电气性能的影响

高原地区的环境条件恶劣,主要表现在大气压力低、昼夜温差大、太阳辐射强和冬季严重的裹冰,对电子设备主要有以下几方面影响。

1. 电子设备温升较高、易过热

在高海拔低气压环境下,空气密度降低并导致与空气密度相关的热传递系数下降,指控系统计算机、服务器等电子设备工作时表面温度比一般海拔环境下高,设备内部各零部件表面温度也会增高,整个设备内部的热梯度发生改变,易出现过热问题。

2. 发电机组功率下降

例如,选用了3kW、6kW不同系列的柴油发电机组的承载平台,随着气压和空气密度下降,柴油发电机组的功率下降,对供电系统电网品质影响较大。

3. 密封元器件空气泄漏

密封的元器件内部压力一般按平原地区使用压力设计,在低气压环境下,内外存在气压差,元器件易出现结构损坏和漏气失效的故障。高原地区紫外线照射强、温差大,使得工程机械的橡胶件、密封件自然损坏严重,在高海拔地区作业时,橡胶软管及密封件的使用寿命远远低于平原地区,尤其是工程机械常停放在露天环境,更容易出现密封件老化、橡胶软管的开裂老化或爆裂情况。

4. 电子设备结露出现打火

昼夜温差大导致电子设备表面及焊点部位易结露,同时高原空气介电常数较小,易出现打火现象,从而造成设备损坏。

5. 电缆、涂层等有机材料老化、开裂

超强的紫外线辐射对外露设备具有严重的损伤,特别是对电缆、涂层等有机材料,一旦老化、开裂,极易进水,进而影响电性能。

2.5 高原环境对人员操作的影响

2.5.1 人体机能下降

高原地区海拔较高,地面较平缓开阔,气压低、含氧量少,气象多变,昼夜温差大,极易使作战人员产生严重的高原反应。在3000m以上时,人员会感到呼吸困难,心跳增快。高原昼夜温差大,年平均气温较低,试验人员头、脚、手等易冻伤,严重的会出现脑水肿、肺水肿等症状。在这种地区战斗,人员体力消耗大,运动速度慢,易发生高山反应。

1. 缺氧严重,导致高原反应

高原地区的平均海拔在4000m以上,由于空气稀薄,氧含量少,导致高原反应严重,在海拔4000m,大约有50%的人存在高原反应,在海拔5000m,有90%的人存在高原反应。海拔升高1000m大气参数变化规律见表2-2。

表2-2 海拔升高1000m大气参数变化规律

大气压力	空气密度下降梯度	大气含氧量	风压	年平均气温	太阳辐射能	水沸点
下降9%	6%~10%	下降10%	下降9%	下降5~7℃	增加10% (3000m以上趋缓)	降低3.3℃

2. 低温酷寒,导致冻伤频发

高原地区,终年温差较大,冬天气温偏低,冻伤频发,西段尤甚,最低气温可达-40℃,年均温0℃以下。对印自卫反击战中,冻伤占伤员总数的26%;天文点战斗中,冻伤高达80%。

3. 气候恶劣,导致疾病流行

卫生条件较差,东段多雨潮湿,毒蚊、蛇蝎多,易患疟疾、麻疹等疾病;西段缺氧,水沸点低,饭难以煮熟,易患肠胃病、痢疾等疾病,冰雪终年不化,紫外线辐射强,易患雪盲、日照性皮炎等疾病。

2.5.2 工作效率降低

高原自然环境不仅会降低装甲车辆的作战效能,也会给操作人员本身带来不利影响。随着海拔高度的增加,大气压力和氧分压都会逐渐降低,高原地区空气稀薄,氧分压远低于海平面氧分压,对于进行车辆操作使用和维护保养的人员,会引起智能和体能的下降,出现呼吸困难、头痛、头昏、恶心、厌食、呕吐、乏力、易疲劳、嗜睡等高原反应,产生高原缺氧综合症。再加上受高原地区寒冷、大风、干燥、太阳辐射、紫外线和电离辐射等的影响,装备使用及管理人员的人体机能下降,工作效率降低,只能维持一些轻微的体力劳动,活动力下降同时容易导致误操作事故,高原作业能力明显降低。高原环境对人体调节性变化加剧,其突出表现为胸闷气短,呼吸因缺氧而加快,行动变得迟缓,反应变得迟钝,对武器的抵肩射击、屏住呼吸瞄准及操作使用受高原环境影响更为显著。单兵负重及行军与海拔高度对应关系见表2-3。

表2-3 单兵负重及行军与海拔高度对应关系

海拔高度/m \ 行军速度/(km/h) \ 负重/kg	10	14	18	22	26	30
3100	6.0	5.6	5.2	4.7	4.3	3.8
3400	5.6	5.1	4.7	4.2	3.8	3.4
3700	5.1	4.7	4.2	3.8	3.3	2.9
4000	4.7	4.2	3.8	3.3	2.9	2.4
4300	4.2	3.8	3.3	2.9	2.4	2.0
4600	3.8	3.3	2.9	2.4	2.0	1.5
4900	3.3	2.8	2.4	2.0	1.5	1.1
5200	2.8	2.4	1.9	1.5	1.0	0.5

由表2-3可见，行军速度与负重成反比，在5200m海拔高度时，单兵的负重能力已经减弱到3100m海拔高度的40%左右。

2.5.3 操作难度增加

在高原环境条件下，高原地区人员体能、操作协调性下降明显，人的反应速度以及动作的灵活性、稳定性降低，装备操作人员身体机能下降，装备操作难度增加。高原地区空气稀薄，海拔4000~5000m处空气中含氧量比平原地区减少30%~60%，人的反应速度以及动作的灵活性、稳定性大幅度降低，体能平均下降13%~31%，在海拔5000m地区，战士冲锋距离仅能达到50m。高原环境对人体机能有较大影响，在海拔5100m进行体能和协调动作的测试试验中，两名被测试人员在雪地上持火箭筒及火箭弹跃进50m，到位后脉搏均为135次/min（测试前为65次/min），呼吸为50次/min（测试前约为12次/min），被测试人员弯腰大口喘气，不能及时完成装弹动作；30s后完成装弹，因气喘心跳仍十分困难。

同时，由于气温过低，缺氧严重，人员体力消耗大，易疲劳，战斗准备时间短促，容易忽视对武器的检查和保养；弹药保护油易变硬、凝固，启封和擦拭十分困难；风沙不断，使射手难以睁眼正常瞄准射击，并且装备长时间裸露于风沙之中，沙尘容易进入装备内部，导致机械磨损加剧、机件运动失灵、操作困难、故障率升高。

2.6 高原环境机动性能影响因素分析

机动性是装甲车辆的重要性能，也是装甲车辆高原环境使用过程中暴露出的影响程度最大的性能，机动性能主要与动力传动系统性能和底盘设计参数有关，而车辆设计参数不会随高原或平原使用发生改变，因此装备高原机动性能变化的主要原因是高原环境对装备动力系统的影响，在高原使用条件下，发动机功率下降、热负荷增加、冷却系统效能降低等都直接或间接影响了装备的机动性能，下面从几个方面分析高原环境对机动性的影响。

2.6.1　高原环境对起动系统的影响

影响因素：大气压力、大气温度、空气密度。

作用机理：一方面，随海拔升高，大气压力降低，压缩终了的混合气压力和温度无法达到着火条件；另一方面，空气稀薄，进入发动机缸内的空气质量降低，混合气体过浓，无法形成良好局部混合气体区域，发动机难以着火，起动困难。此外，大气温度低，使旋转件间的润滑油黏度增大，发动机的起动阻力矩增大，影响发动机起动，而起动蓄电池提供的起动力矩也会随大气温度降低而下降，同样使发动机起动困难。

影响分析：柴油发动机的起动主要由起动力矩、起动阻力矩和着火三个方面决定，如图2－2所示。

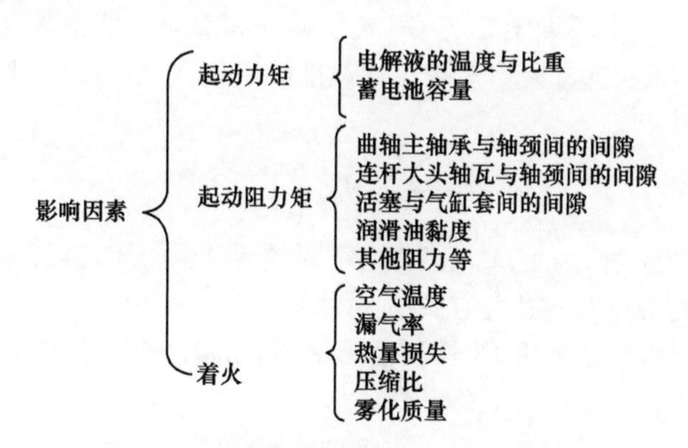

图2－2　柴油发动机起动性的影响因素

从起动力矩来看，绝大多数发动机靠蓄电池起动，对于蓄电池来说，起动机的起动力矩 T_{em} 与起动电流 I_a^2 成正比：

$$T_{em} = CI_a^2 \tag{2-1}$$

由于 I_a 的大小与蓄电池的容量 S_{GB} 有关，而 S_{GB} 与电解液的温度和比重两个因素有关。试验结果表明，当蓄电池电解液的温度从20℃变化到－20℃时，S_{GB} 和 T_{em} 均呈直线下降，由于 $T_{em} \propto I_a^2$，所以，T_{em} 下降的幅度较大，如图2－3所示。当 S_{GB} 下降约30%时，T_{em} 下降约60%。因此，当环境温度降低时，发动机起动力矩 T_{em} 随之降低。

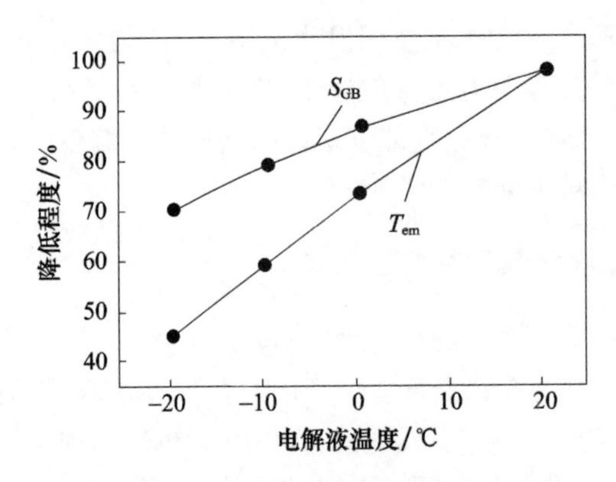

图 2-3　S_{GB}和 T_{em}随电解液温度变化规律

另外,当环境温度升高时,会导致电解液中的水蒸发加快,导致比重增大,容量与电解液比重为二次曲线的关系,当环境温度继续升高,电解液比重超过最大点时,蓄电池容量开始下降,起动力矩减小,因此,温度过高或者过低,都将使蓄电池的起动性能下降。

起动阻力矩方面,苏联学者 N. C · 赫沃谢夫和 M. A · 明金曾经在试验数据的基础上总结出柴油机起动阻力矩是机油黏度的函数,并给出计算平均起动阻力矩的公式:

$$M_c = M_0\left(\frac{\mu}{\mu_0}\right)^{\gamma} \tag{2-2}$$

式中:M_c 为平均起动阻力矩;M_0 为黏度 V_0 时的起动阻力矩,其值取决于发动机零件尺寸的相互关系;γ 为与速度有关;μ 为黏度。

以某式非增压坦克采用 16 号机油为例,起动阻力矩随着黏度的下降由下式决定:

$$M_c = M_0\left(\frac{8000-600t}{\mu_0}\right)^{\gamma} \tag{2-3}$$

如图 2-4 所示,由于机油黏度随温度降低而增大,由式(2-3)可知,低温时柴油机使用的润滑油黏度增大,积存在发动机内部各摩擦副的机油会产生很大阻力,阻碍曲轴的旋转,继而迅速增加起动机的起动阻力矩,影响发动机的低温起动,从而影响车辆的低温起动性。

图 2-5 所示为曲轴转动阻力矩与温度的关系。由图可见,曲轴转动阻力矩随着温度的下降而升高,因此,发动机低温起动困难。

从着火方面来看,考虑压缩过程中气体的泄漏现象和热量损失的存在,柴油机低温起动时压缩终点气体温度 T_2 为

$$T_2 = \varepsilon^{(k-1)(1-a)}(1-\beta)^{k-1}T_1 \tag{2-4}$$

式中:a 为一定环境温度下柴油机冷起动压缩过程中的热量损失,$0 \leqslant a \leqslant 1$;$k$ 为绝

热指数，$k = C_p/C_v$，C_p 为等压比热容，C_v 为等容比热容；β 为漏气率；ε 为气体压缩比。

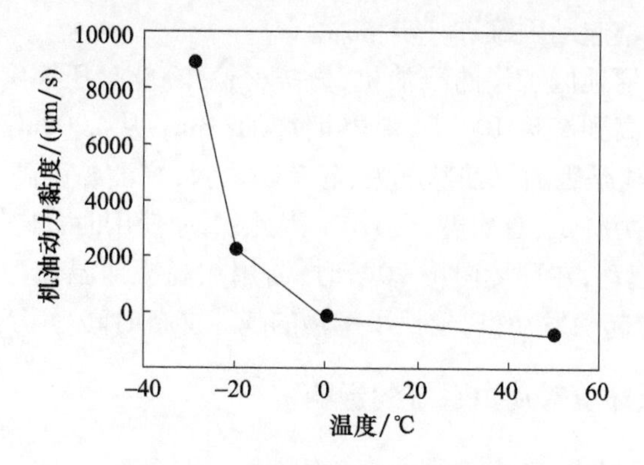

图 2 - 4　机油黏度与温度的关系

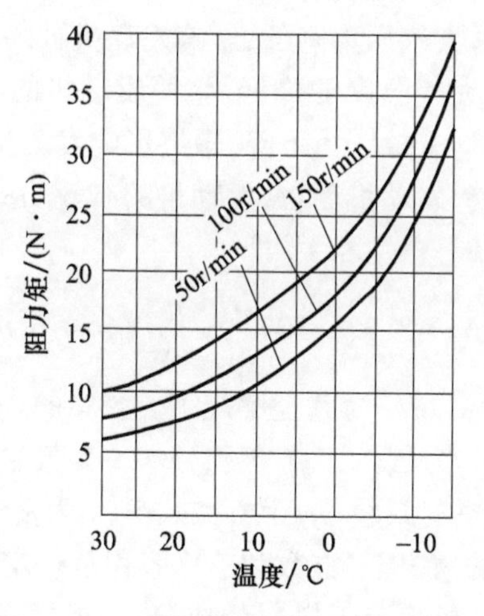

图 2 - 5　曲轴转动阻力矩与温度关系

由式(2 - 4)可知，柴油机低温起动压缩终点气体温度 T_2 主要与 ε、β、T_1 有关。当柴油机的 ε 一定时，影响柴油机低温起动性最重要的参数是气缸内气体压缩终点温度，气体压缩终点温度是进入柴油机气缸空气温度的函数。试验表明，当柴油机吸入的空气温度在 - 20℃ 以下时，压缩终点气体温度小于 430℃（正常着火温度），喷入气缸的燃料不能着火燃烧，很难满足柴油机正常起动的要求，其主要原因是在低温环境下，较低温度的冷却液、气缸套、活塞等零件以及进入柴油机气缸的较低温度的空气，将使得柴油机在压缩过程中的热量损失过大，同时，柴油机在低温条件下起动时转速低，导致压缩燃气的泄漏量增加。以上三个原因的综合作用将使柴油机在低温情况下进行起动时，其燃气压缩终了时的终点温度 T_2 达不到着火温度，而且柴油机役龄越长，这种情况越严重。其次，不同环境温度条件下起动转速对压缩终点温度也有影响，温度越低，相同起动转速条件下，压缩终点温度越低。另外，由于低温起动转速低，喷油器喷射燃料油粒直径较大，直接导致雾化质量变差，从而使低温起动困难进一步增加。

试验表明，高原地区工作的柴油机，海拔升高1000m，压缩终点温度平均降低33℃，从海平面升高到海拔1000m，滞燃期增加13ms；从2000m升高到3000m，滞燃期增加68ms。这是因为机油黏度大，起动阻力大；燃油黏度高，混合气形成质量差；压缩温度与压力降低，首次着火困难。因此，高原使用时，部分柴油发动机必须进行加温后才能起动，在环境温度20℃时，需用加温锅加温15～30min，将水温加到70℃以上，才能起动发动机，延长了车辆的战斗准备时间。

2.6.2 高原环境对动力系统的影响

1. 对发动机功率的影响

影响因素：大气压力、大气温度、大气密度、沙尘。

作用机理：海拔升高，大气压力降低，影响发动机缸内雾化和燃烧过程，造成缸内燃烧过程后移，且随着大气温度的降低，将使发动机的滞燃期增大，而大气密度的降低，直接导致缸内平均有效压力下降，最终影响发动机输出功率。

影响分析：对于四冲程发动机而言，发动机的有效功率与空气密度、充气系数、过量空气系数和机械效率等参数相关，即

$$N_e = 8.33 \times 10^{-6} \frac{H_u}{l_0} \frac{\eta_i}{\alpha} i V_h \rho_0 \eta_v \eta_m n \tag{2-5}$$

式中：ρ_0为空气密度（kg/m^3）；l_0为完全燃烧1kg燃料的理论空气量（kg/kg）；H_u为燃料的低热值（kJ/kg）；V_h为气缸工作容积（L）；i为气缸数目；η_v为充气系数；η_i为指示热效率；α为过量空气系数；η_m为机械效率；n为发动机转速（r/min）。

在发动机结构指定的情况下，缸数和工作容积是一定的，而燃料低热值及完全燃烧1kg燃料的理论空气量决定于燃料的成分，与海拔环境无关，因此，高原环境条件下，发动机的功率主要由以下几个参数决定：

1）指示热效率与过量空气系数的比值η_i/α

指示热效率η_i表示单位燃料量放出的热量转变为指示功的分量，而$1/\alpha$则正比于进入气缸的燃料量，所以η_i/α即正比于一个循环中燃料转变为功的全部热量。

一般来说，柴油机在$\alpha=2.5\sim3.5$时，η_i达到最大值，此时燃烧最完全。当α从这一数值开始减小时，将使燃烧不完全，后燃也增加，η_i逐渐下降；相反，当α从这一数值再增大时，由于循环供油量小，雾化不良，又引起燃烧不完全，η_i又逐渐下降。

大气压力下降，决定了进气压力p_{in}下降，一方面，致使压缩行程终点的气体压力p_e下降，导致着火延迟期τ_i变长，使缸内燃烧过程后移，指示热效率下降；另一

方面,由于进气压力下降,导致压气机入口处空气密度下降,使进入缸内的空气质量流量降低,由于此时的循环供油量仍保持不变,使缸内形成燃气混合过浓的情况,混合气体过浓,将使燃烧不完全,η_i逐渐下降,从而使发动机功率下降。

此外,大气压力下降,使缸内背压降低,燃油的雾化过程变坏,进而影响可燃混和气体的形成,也将使 η_i 下降,发动机功率下降。

2）空气密度

大气压力和大气温度都将使空气密度 ρ_0 发生变化,大气压力降低和大气温度升高,都会使空气密度 ρ_0 下降,根据式(2－5)可知,发动机的有效功率也将降低。

实际上,由于空气密度的变化,影响了每循环气缸的实际充气量,从而使缸内燃烧过程的完善性、进气量不足,导致燃烧不完全,发动机无力并排黑烟。

3）充气系数

在忽略配气相位的影响下,可推导出充气系数为

$$\eta_v = \frac{T_0}{T_0 + \Delta T}\left[1 - \frac{\varepsilon \Delta p_a + \Delta p_r}{(\varepsilon - 1)p_0}\right] \tag{2-6}$$

式中:T_0 为大气温度(K);ΔT 为进气温升(K);ε 为压缩比;Δp_a 为进气过程的压力损失(Pa);Δp_r 为排气过程的压力损失(Pa);p_0 为大气压力。

大气压力 p_0 下降,充气效率降低,则使发动机有效功率降低。同时,空气中沙尘浓度大,将使进气空气阻力 Δp_a 下降,从而使充气系数下降。

而大气温度降低,会使充气系数降低,但在低温条件下,空气密度增大,虽然进入气缸中的充量的相对量有所下降,但绝对量有所升高,因此,在低温条件下,应看低温引起的空气密度变化和充气系数变化的综合作用。

2. 对废气涡轮增压器的影响

影响因素:大气压力、大气温度。

作用机理:高海拔条件下,大气压力和温度的改变,使废气能量改变,从而使涡轮增压器获得的能量改变,其膨胀比和效率改变,同时,压气机的压比和效率也将发生改变。

影响分析:在废气涡轮增压发动机中,发动机排气提供的能量,由涡轮转变为机械功,此功由压气机吸收,产生所需要的空气量及相应的增压压力。

能量平衡:

$$N_T = N_C \tag{2-7}$$

质量平衡:

$$\dot{m}_T - \dot{m}_W = \dot{m}_C + \dot{m}_B \tag{2-8}$$

式中:T 表示涡轮;W 表示废气放气阀;C 表示压气机;B 表示燃油。

由于压气机和涡轮是连接在同一根轴上的,所以压气机转速等于涡轮转速,即

$$n_T = n_C \tag{2-9}$$

压气机消耗功率:

$$N_{C}=\frac{\dot{m}_{C}T_{1}R}{\eta_{C}\eta_{mC}}\cdot\frac{k}{k-1}\left[\left(\frac{p_{2}}{p_{1}}\right)^{\frac{k-1}{k}}-1\right] \tag{2-10}$$

涡轮提供功率：

$$N_{T}=\dot{m}_{T}\frac{k}{k-1}RT_{3}\left[1-\left(\frac{p_{4}}{p_{3}}\right)^{\frac{k-1}{k}}\right]\eta_{T}\eta_{mT} \tag{2-11}$$

式中:1 表示压气机进口;2 表示压气机出口;3 表示涡轮进口;4 表示涡轮出口。

海拔升高,大气压力下降,发动机在低转速区,过量空气系数下降,流经涡轮的废气流量降低,使涡轮在低转速区提供的功率下降,而压气机消耗功率与涡轮提供功率相同。因此,低转速区压气机提供的增压后压力无明显改善,废气涡轮增压器在低转速区的补偿效果不明显。

而当发动机正常运转后,由于高原环境使缸内燃烧后移,其排气能量要高于平原状态,另外,大气压力降低,使涡轮出口背压下降,涡轮提供的功率将提高,使得压气机后的增压压力提高,从而增大废气涡轮增压发动机的进气流量,使发动机的功率有所恢复,但带来的问题是,由于燃烧后移,导致涡轮超高速运转,增大涡轮增压器的机械负荷。

3. 对发动机扭矩的影响

影响因素:大气压力、大气温度、大气密度、沙尘。

作用机理:高原环境条件的大气压力、大气温度、大气密度、沙尘通过直接影响发动机输出功率,使发动机的扭矩发生变化,另外,对于带涡轮增压器的发动机,由于高原条件下发动机和涡轮增压器的联合运行特性曲线发生变化,导致发动机的扭矩特性曲线也发生改变。

影响分析:发动机的功率与扭矩的关系为

$$M_{e}=\frac{9549N_{e}}{n} \tag{2-12}$$

式中:M_e 为发动机扭矩(N·m);N_e 为发动机有效功率(kW);n 为标定功率的转速(r/min)。

发动机的功率随着海拔高度的升高而降低,相应地,其扭矩整体也同样随海拔升高而降低,然而,对于带废气涡轮增压器的发动机而言,在低转速区,由于大气压力和空气密度减小,缸内燃烧不完全,排出的废气能量较低,给涡轮提供的废气焓值低,低转速区的补偿效果不明显,此外,还使最大扭矩所在转速也向高速方向偏移。

4. 对燃油消耗量的影响

影响因素:大气压力、大气温度、大气密度、沙尘。

作用机理:一方面,大气压力、大气温度、大气密度使空气密度下降,充气量降低,发动机指示热效率下降,比油耗升高;另一方面,高海拔条件下,发动机功率降低和冷却系统易出现过热现象,在使用中车辆常处于低挡高速区,也使发动机的燃油消耗量增大。

影响分析:以高原实测的试验数据为例,图 2-6 所示为环境模拟台架试验曲线 4500m 时的比油耗曲线(叉点线)相对于平原状态(三角点线),其总体呈上升趋势。

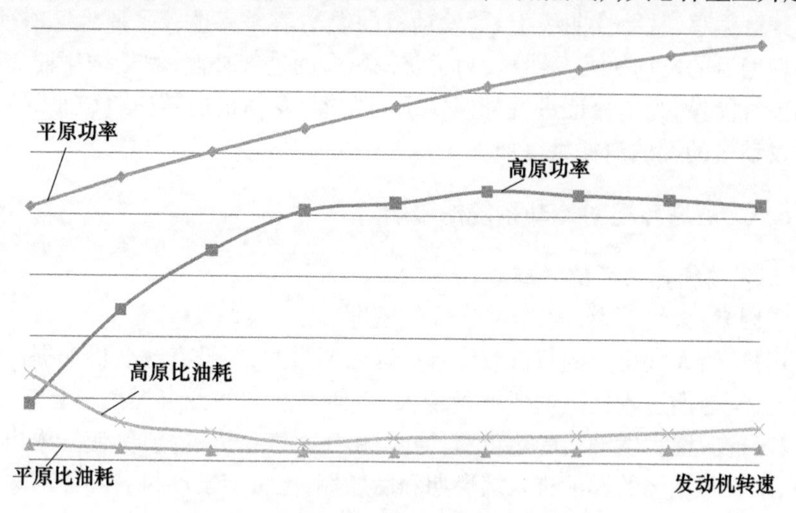

图 2-6 模拟海拔 4500m 台架性能试验曲线

图 2-7 所示为持续行驶试验监测参数曲线,图中,红色线条为车速,蓝色线条为发动机转速线,由曲线的趋势可以看出,当车辆在 23km/h 行驶时(也即曲线的前半段),车辆各参数处于良好的平衡状态,此时,发动机转速主要保持在 2100~2400r/min 范围内,发动机在高转速区时,从环境模拟台架试验曲线得知,其燃油消耗量是逐渐增大的。因此,在高海拔行驶时,车辆燃油消耗量增大的趋势是符合发动机特性曲线的。

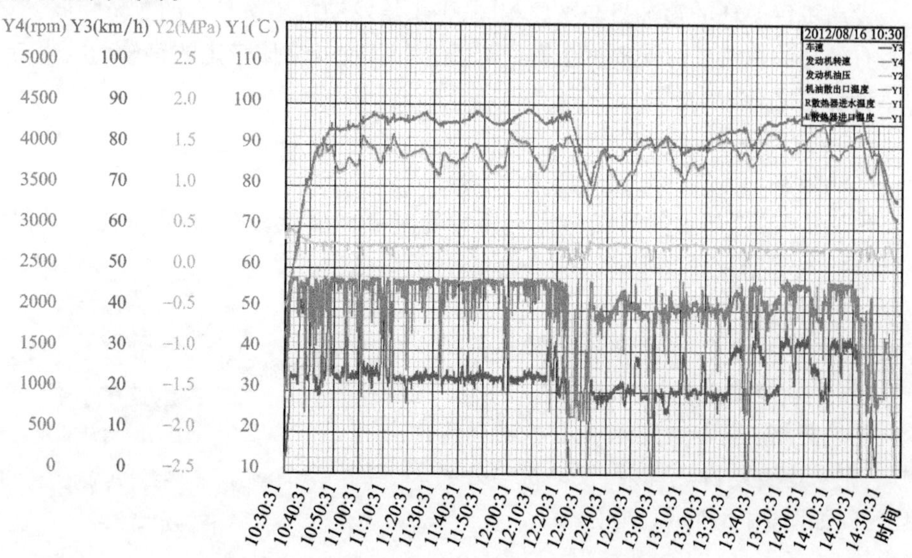

图 2-7 持续行驶试验监测参数曲线(彩图见插页)

从以上分析得知,车辆在海拔4500m正常行驶时,一方面,由于空气密度下降,发动机的功率下降,为了获得适当的牵引力,发动机不得不增大喷油量以提高扭矩,从而使燃油消耗量增大,这主要表现为发动机的燃烧效率下降;另一方面,发动机向高速区偏移,从特性曲线上看,发动机的燃油消耗率也较平原地区有所增加,废气涡轮增压的发动机尤其明显,为了获得更多的进气补偿,涡轮增压器需要获得更多的废气能量,为了保证进气补偿作用的发挥,发动机的转速将较平原高,这也将导致发动机的燃油消耗量增加。

2.6.3 高原环境对冷却系统的影响

1. 对发动机热负荷的影响

影响因素:大气压力、大气温度、大气密度。

作用机理:大气压力的降低致使着火延迟期增大,在没有改变供油提前角的条件下,着火延迟期进入气缸的燃油量增大,将使速然期的混合燃气一旦燃烧,缸内温度急骤升高,增大发动机的热负荷,同时,由于大气密度的降低,使缸内出现不完全燃烧,未参与燃烧的燃油进入缓燃期和后燃期,也将使发动机各零件的热负荷增大,发动机的热负荷增大,传递给冷却系统的热量也将增大。

影响分析:根据发动机的热平衡方程,单位时间供给发动机燃料所具有的热量分配情况可表示为

$$Q_T = Q_e + Q_c + Q_r + Q_b + Q_s \tag{2-13}$$

式中:Q_T为供给发动机燃料具有的热量(kJ/s);Q_e为转化为有效功的热量(kJ/s);Q_c为冷却介质带走的热量(kJ/s);Q_r为废气带走的热量(kJ/s);Q_b为燃料不完全燃烧的热损失(kJ/s);Q_s为余项损失(kJ/s)。

发动机每循环的喷油量与平原相同,则供给发动机燃料具有的热量相同,但转化为有效功的热量随海拔高度上升而降低,因此,冷却介质带走的热量和废气带走的热量都将上升。

2. 对冷却性能的影响

影响因素:大气压力、大气温度、大气密度。

作用机理:冷却水的沸点随大气压力的降低而降低,使冷却水带走的热量减少,同时,大气密度下降,流经散热器的空气流量下降,使气侧带走的热量减少,而大气温度升高或降低,将影响空气的密度和流经散热器进出口的差,也将影响冷却系统的性能。

影响分析:若认为发动机本体壁面温度分布均匀,则考虑发动机热辐射、发动机与外界环境的热交换,如图2-8所示。则有

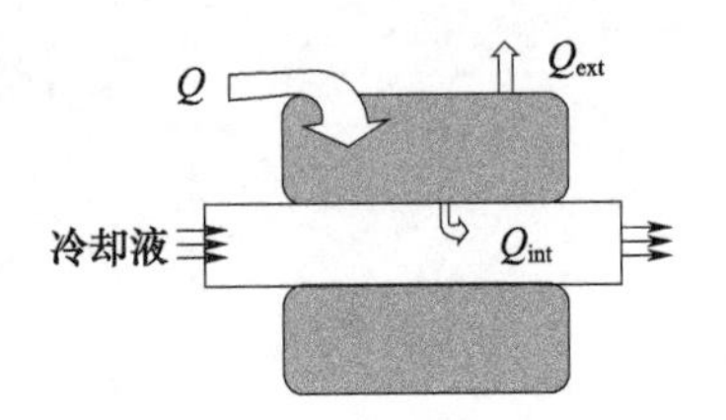

图2-8 发动机缸套传热示意图

$$\frac{\mathrm{d}T_{\mathrm{wall}}}{\mathrm{d}t}=\frac{Q-Q_{\mathrm{int}}-Q_{\mathrm{ext}}}{\rho_{\mathrm{wall}}C_{\mathrm{p-wall}}V_{\mathrm{wall}}} \tag{2-14}$$

其中,发动机放热量 Q 由发动机转速和负荷决定,发动机给冷却水的传热 Q_{int} 由下式确定:

$$Q_{\mathrm{int}}=(hA)_{\mathrm{int}}(T_{\mathrm{wall}}-T_{\mathrm{flow}}) \tag{2-15}$$

式中:$hA=(hA)_{\mathrm{ref}}\left(\frac{\dot{m}}{\dot{m}_{\mathrm{ref}}}\right)^{0.75}$。

发动机对外空气热交换由下式确定:

$$Q_{\mathrm{ext}}=(hA)_{\mathrm{ext}}(T_{\mathrm{wall}}-T_{\mathrm{ext}})+\sigma A(T_{\mathrm{wall}}^{4}-T_{\mathrm{ext}}^{4}) \tag{2-16}$$

因此,当海拔高度上升,缸内燃烧温度升高,发动机传递给散热器的热量 Q_{in} 上升,则发动机机体温度 T_{wall} 将上升。

对于散热器而言,其传热示意图如图 2-9 所示。

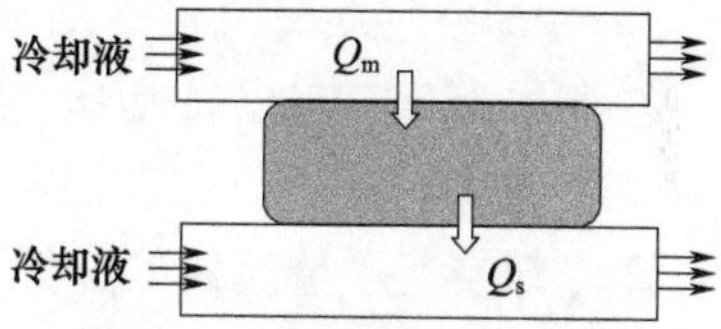

图 2-9　散热器传热示意图

散热器温度由下式计算得到

$$\frac{\mathrm{d}T_{\mathrm{wall}}}{\mathrm{d}t}=\frac{Q_{\mathrm{m}}+Q_{\mathrm{s}}}{\rho VC_{\mathrm{p}}}=\frac{(hA\Delta T)_{\mathrm{M}}+(hA\Delta T)_{\mathrm{s}}}{\rho VC_{\mathrm{p}}} \tag{2-17}$$

式中:h 为对流换热系数;A 为散热面积;ρ 为散热器材料密度;V 为散热器体积。

空气和冷却水流经散热器的对流换热系数由无量纲数求出:

$$\mathrm{Nu}=C\mathrm{Re}^{m}\mathrm{Pr}^{\frac{1}{3}} \tag{2-18}$$

式中:$\mathrm{Nu}=\frac{hL}{k}$;$\mathrm{Re}=\frac{\rho UL}{\mu}$;$\mathrm{Pr}=\frac{\mu C_{p}}{k}$。

由散热器温度计算公式(2-17)可知,想要带走 T_{wall} 增加的温升,在不改变结构的基础上,冷却系统有两种方法:一是增加冷却系统进出口的温差 ΔT;二是增大对流换热系数 h,而对流换热系数可由式(2-18)求出,其与努塞尔数相关,高海拔条件下,将导致雷诺数下降,使对流换热系数下降,因此,在高海拔环境下,发动机传递给冷却系统的热量增加,最终将导致发动机冷却水进出水口的温差增大,表现在车辆使用上,发动机的平衡水温将较平原状态下高。

在高原环境条件下,大气压力降低、空气密度下降,使发动机功率下降、燃烧恶化、排温升高、热负荷增加,这就要求冷却系统能充分发挥效能,保证发动机正常工作。但在实际使用过程中,经常出现由于发动机水温过高,车辆不得不停车降温或降低行驶速度,以保证发动机水温在正常工作范围内,说明冷却系统效能不能满足发动机高原冷却需要:一是由于发动机热负荷升高,在相同条件下增加了冷却系统的工作负荷;二是由于高原环境对冷却系统本身的影响,降低了冷却系统的效率。高原环境对冷却系统的影响主要表现在以下几个方面:

1）冷却液沸点降低

随海拔高度增大，大气压力下降，水的沸点降低，如在海拔4000m，水的沸点大概是87℃。在膨胀水箱蒸汽活门开启压力不变的情况下，大气压力降低导致闭式冷却系统的压力降低，冷却系统内的冷却沸点降低，冷却水容易沸腾，造成“开锅”现象，也容易形成气阻，进一步影响冷却效率。

2）进气温度升高

在高原环境下，使用涡轮增压可以在一定程度上恢复发动机功率，但大气压力的降低，使涡轮增压器转速升高，压比上升，造成发动机进气温度升高，使发动机热负荷进一步增加，采用涡轮增压中冷却技术可以缓解这一问题。

3）冷却空气质量流量下降

在海拔3500～5000m地区，空气密度只有平原的58%～70%，当风扇转速不变时，空气的体积流量不变，因此空气密度的下降大大降低了冷却空气的质量流量。而冷却空气质量流量的降低使从散热器传递的热量大大减少，降低了冷却系统的散热效率。

通过对散热系统的分析计算可知，当海拔高度为3000m、4000m和5000m时，冷却系统总的散热能力需提高到平原地区的1.3倍、1.5倍和1.6倍。

综合以上分析，在高原环境下，发动机以相同的转速工作，冷却系统的散热能力大大降低，发动机传递到冷却水的热量不能通过散热器及时地散失到空气中，造成热量在发动机和冷却系统中进一步聚集，形成发动机热负荷增加的恶性循环，表2-4为4500m海拔高度环境条件下的测试数据。

表2-4　冷却性能试验结果

<table>
<tr><th>编号</th><th>测试参数</th><th>测试结果/℃</th><th>平衡时间/min</th><th>备注</th></tr>
<tr><td rowspan="2">1#</td><td>发动机水温</td><td>47～86</td><td>12</td><td rowspan="2">车速：22.1km/h
转速：1530r/min</td></tr>
<tr><td>发动机油温</td><td>41.9～87.6</td><td>52</td></tr>
<tr><td rowspan="3">2#</td><td>发动机水温</td><td>55.1～100.9</td><td>13</td><td rowspan="3">车速：25.5km/h
转速：2000r/min</td></tr>
<tr><td>发动机油温</td><td>44.2～99.7</td><td>25</td></tr>
<tr><td>排气温度最大值（涡前）</td><td>618</td><td>—</td></tr>
<tr><td rowspan="4">3#</td><td>发动机水温</td><td>50.6～93.2</td><td>19</td><td rowspan="4">车速：21.5km/h
转速：1816r/min</td></tr>
<tr><td>发动机油温</td><td>55～107</td><td>18</td></tr>
<tr><td>变速箱油温</td><td>40.3～88.4</td><td>70</td></tr>
<tr><td>排气温度最大值（涡后）</td><td>544</td><td>—</td></tr>
</table>

从4500m高原试验数据来看，一方面，发动机排气温度较平原环境有较大提升，在控制水温行驶的情况下，坦克涡前排气温度最大值已经接近其排温极限，这说明车辆在高原环境条件下运行时，发动机热负荷增大，缸内后燃严重，传递给冷却系统的散热量增大；另一方面，坦克车速处于较低速度（20～25km/h）时，冷却系

统的水温就达到了报警温度(90～100℃),这表明,在高原行驶时,冷却系统的水温上升速度快,极易达到使用要求的限值。

2.6.4　高原环境对平均速度的影响

影响因素:大气压力、大气温度、空气密度。

作用机理:在高原环境下,由于大气压力、大气温度、空气密度使发动机功率下降,车辆最大速度、加速性降低,冷却系统效能下降,在统计平均速度时,车辆不能以路面允许的最大安全速度行驶,行驶过程中,由于水温升高,驾驶员往往需要减速降挡降温、停车降温,才能保证车辆正常行驶,从而极大影响了车辆的平均速度,使车辆在高原的机动性能方面受到了影响。

影响分析:平均速度是评价车辆机动性能的重要指标,通常通过统计车辆在公路、起伏土路、砂石路等所能允许行驶的最大安全速度进行计算,与平原地区不同,装甲车辆在高原环境条件下行驶时,与其发动机热负荷的增大、功率的下降有较密切的关系,具体测试结果见表2－5。

表2－5　平均速度试验结果

编号	最高挡位	冷却水平均温度/(℃)	平均速度/(km/h)
1#	—	84.5	23.8
2#	4	96.7	29.3
3#	—	89	23.6
4#	4	103	29.8

2.6.5　高原环境对通过性能的影响

影响因素:空气密度、氧含量、高原地理条件因素、高原自然灾害。

作用机理:图2－10给出了高原环境对整车通过性的影响机理,高原环境造成整车动力性和可靠性的下降,在相同的通行条件下,通过各种坏路、无路地带和克服各种障碍的能力下降。同时特殊的高原环境对军用车辆通过性造成影响,主要体现在以下方面。

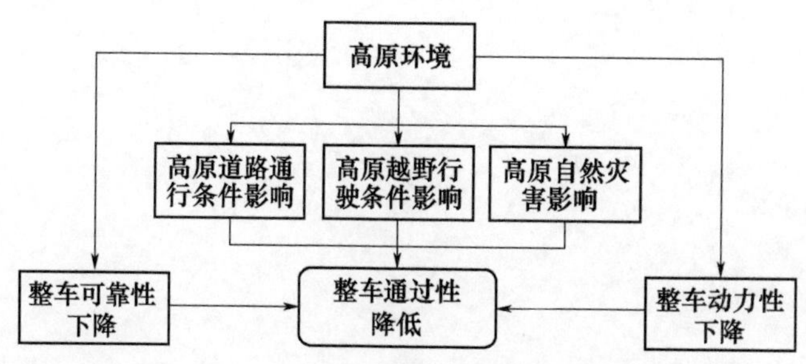

图2－10　高原环境对通过性的影响机理示意

1. 高原环境道路通行条件造成通过性的降低

公路等级低、质量差，如路基变性较大，中波路和长波路占的比例较大，搓板路多，给车辆带来多变的载荷形式。同时，高原环境下坡多、路陡，高原山地路段多，造成车辆爬上坡，拐急弯，在动力性下降和车辆转弯半径固定的前提下，对通过性提出了更高的要求。

2. 高原越野行驶条件容易造成通过性的降低

河滩越野路、戈壁路、高原荒漠等越野行驶条件都对通行造成影响，如河滩越野路，包括了砂石路、碎石路、河流、石块路、泥泞路、坑洼等典型越野路面。

3. 高原自然灾害造成军车通过性的降低

高原地区是自然灾害多发地区，包括雪灾、泥石流等。这些自然灾害的发生会造成军车通过性的降低，如雪灾可能会造成交通通道中断，造成封路封山。高原洪涝灾害引起的崩塌、滑坡、泥石流等也会对道路的通行造成影响，道路积水积雪，路面陆基损坏，甚至引起道路的完全堵塞和中断。而冻土区内由于表层季节性融化与冻结交替进行，常形成冻胀丘、并锥、冻胀裂缝、多变形土、冻融滑塌、热融沉陷等特殊地貌现象，使通过性降低。

第3章　环境损伤与评价理论

3.1　环境损伤分类

由于受到环境的作用,装备的性能和功能会发生缓慢的或者剧烈的改变,这种变化往往会损害装备的质量,所以这种变化也称装备的环境损伤。环境对装备造成的损伤在微观上有着明确的物理和化学的原因,通过对装备环境损伤机理的研究,可以指导高原环境适应性设计、试验和评估以及使用维护。

环境可对装备产生各种各样的效应,造成装备的环境损伤,图3－1对装备环境损伤的类型进行了分类。

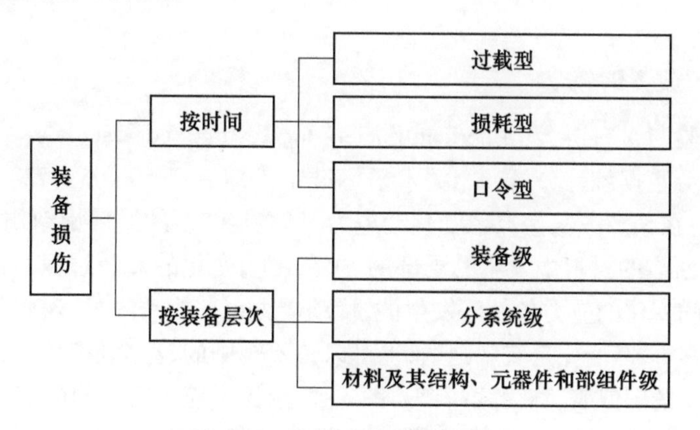

图3－1　装备环境损伤的类型

装备的环境损伤按照时间特征,可以分为以下类型。

(1) 过载型。由于短时间内环境因素作用强度过大,造成装备在较短时间内出现故障(即失效),如应力过载断裂、过烧、雷击等就属于这种类型。

(2) 损耗型。在环境因素的作用下,环境使装备性能不断退化或者使装备的环境损伤逐渐累积,使装备耐环境能力耗尽而导致装备故障,如疲劳、腐蚀老化等就属于这种类型。

(3) 口令型。有些缺陷可以在装备中存在很长时间而不被发现,如氢脆,只有当装备以某种方式服役时,或者在多个环境因素共存时,这种环境损伤才显露出来。综合环境对装备的协同损伤也属于口令型,有时把这种类型的环境损伤归结为过载型。

在上述类型的环境损伤中,过载型的环境损伤机理比较容易发现。另外,在实际工作中,只要向装备及其组成部分施加足够强度的环境应力就可以充分暴露装备的缺陷,并采取措施加以控制;但对于损耗型和口令型的环境损伤来说,难以通过一般性的、简单的、短时的环境试验来充分暴露和控制装备的缺陷,其隐蔽性更强,危害更大,需要给予充分重视。

从发生的装备层次上来看,环境损伤又可以分为以下级别。

(1) 装备级的环境损伤。这种环境损伤仅仅在装备工作时在全系统层次上表现出来,如装甲车辆的机动性能下降、射击命中概率变化等。

(2) 分系统级的环境损伤。当分系统运作时,即使装备不工作,这种环境损伤也在发生,如行动与悬挂系统的承载应力、辅助系统的循环热负荷等。

(3) 材料及其结构、元器件和部组件级的环境损伤。这种损伤发生在结构件和元器件层次上,如材料的磨损、发动机缸套活塞的热应力等。

鉴于高原环境条件下装甲车辆暴露出的环境损伤主要集中于疲劳、磨损、腐蚀方面,这里主要介绍相关损伤机理。

3.2 疲劳损伤机理

3.2.1 疲劳的概念

美国试验与材料协会(American Society for Testing and Materelals, ASTM)在《疲劳试验和疲劳数据统计分析　相关术语标准定义》(ASTM E206 - 72)中将材料的疲劳定义为:在某点或某些点承受扰动应力,且在足够多的循环扰动作用之后形成裂纹或完全断裂的材料中发生的局部的、永久结构变化的发展过程。其特点为:疲劳是在随时间变化的应力条件下发生的,扰动应力也称扰动载荷,载荷可以是力、应力、应变、位移等,其变化是有规则的,也可以是不规则的,甚至是随机地描述载荷 - 时间变化关系的图或表,称为载荷谱。图 3 - 2 给出了应力随时间的变化,由应力给出的载荷谱称为应力谱。类似地,还有应变谱、位移谱、加速度谱等。图 3 - 3 描述的是一个最简单的正弦型横幅循环应力,而载荷谱中最小应力和最大应力之比称为应力比,图 3 - 4 表示了应力比的不同情况。

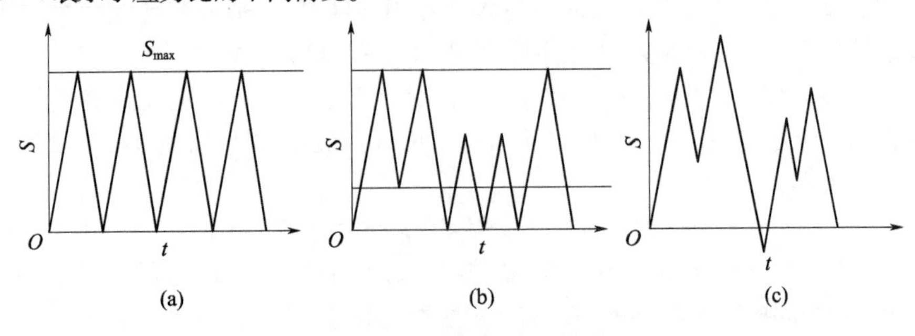

图 3 - 2　疲劳载荷形式分类

(a)横幅循环;(b)变幅循环;(c)随机载荷。

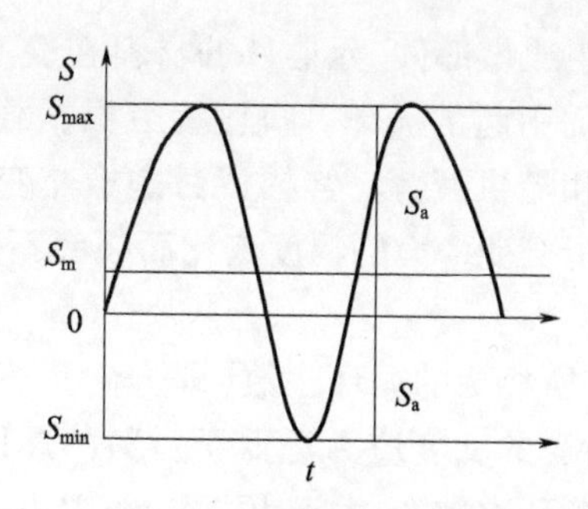

图 3－3　正弦型横幅循环应力

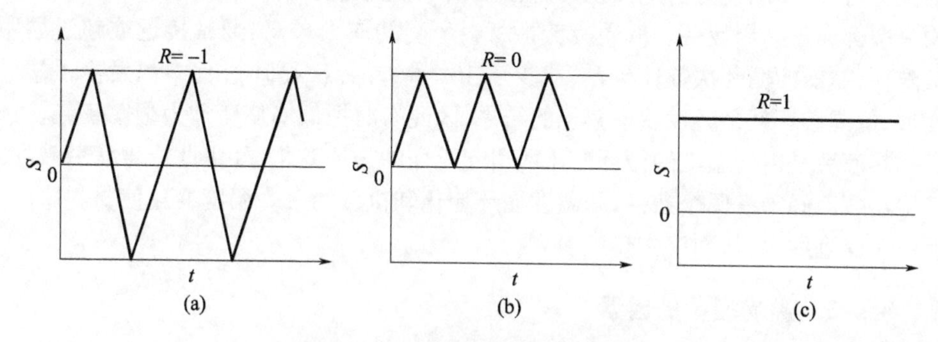

图 3－4　不同应力比下的应力循环

(a)横幅循环;(b)变幅循环;(c)随机载荷。

3.2.2　疲劳的分类

疲劳一般分为机械疲劳、热疲劳和腐蚀疲劳三类,如图 3－5 所示。

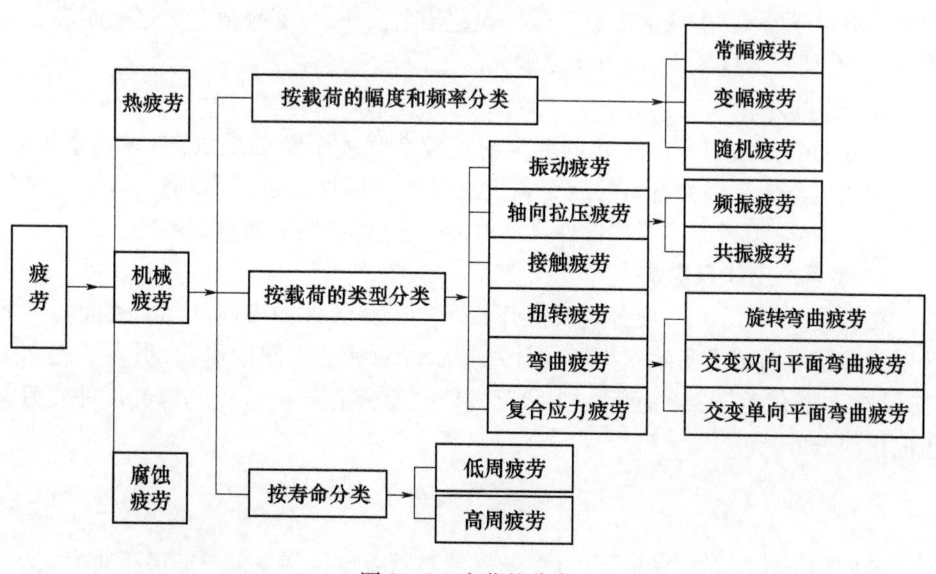

图 3－5　疲劳的分类

所谓机械疲劳，是指组成零部件、元器件的材料在交变机械应力（即交变应力是机械力引起的）作用下而引起的破坏。机械疲劳根据载荷作用的幅度和频率又分为常幅疲劳、变幅疲劳和随机疲劳。常幅疲劳是指交变应力的幅度和频率都是固定不变的，变幅疲劳是指交变应力的幅度变化而频率不变，随机疲劳则是应力幅度和频率都在变化。

根据材料疲劳破坏前所经历的循环次数（即寿命），又可分为高周疲劳和低周疲劳。高周疲劳是材料所受的交变应力远低于材料的屈服极限，甚至只有屈服极限的1/3左右，断裂前的循环次数 N_f 大于 10^5 次，通常用 $S-N$ 曲线来描述该材料的疲劳特性，高周疲劳的寿命主要是由裂纹萌生寿命组成。铁路上的零部件和结构一般都属于高周疲劳。低周疲劳指材料所受初应力较高，通常接近或超过屈服极限，断裂前的循环次数较少，一般少于 10^5 次；在每次循环过程中都发生了塑性变形，低周破坏就是塑性变形累积的结果，因此有时把低周疲劳称为塑性疲劳。

热疲劳是由于温度的循环变化而引起应变的循环变化，并由此产生疲劳破坏。产生热疲劳必须有两个条件，即温度循环变化和机械约束。温度变化使材料膨胀，但由于受到约束，从而产主热应力。

3.2.3 影响疲劳的因素

1. 应力集中影响

零件或构件不可能都是等截面的，而大多数都存在圆角、小孔、外槽或缺口等不连续部分，致使截面形状发生变化。由于零件或构件几何形状的不连续而引起比名义应力大得多的局部应力，这种现象称为应力集中。

为了正确评定零件或构件的强度，在很多情况下都必须考虑局部的峰值应力。此应力有以下特点：①峰值应力可能大大超出名义应力；②峰值应力区有很高的应力梯度，而且应力越集中，应力梯度越大。

2. 尺寸影响

尺寸影响是指随零件尺寸的增大材料疲劳强度下降的现象，亦称尺寸效应。这个问题很重要是因为材料的疲劳强度总是用小试件测定的，如将其运用到实际的零部件中，必须考虑实际零部件尺寸对疲劳强度的削弱，否则就不安全。

3. 表面加工状态影响

在交变载荷作用下，疲劳裂纹常开始产生于零部件的表面，因此，表面加工质量对疲劳强度有很大影响。为了估计加工状况对疲劳极限的影响，引入了表面加工系数 β。其值等于某种表面加工状况试件的疲劳极限 $(\sigma_{-1})_\beta$ 与磨光试件疲劳极限的比值，即

$$\beta=\frac{(\sigma_{-1})_\beta}{\sigma_{-1}} \tag{3-1}$$

表面加工状况对疲劳极限的影响，一般是随着试件强度极限的增高而增大。

4. 温度影响

温度对疲劳强度有着重要影响。众所周知,材料高温时在长期静载荷作用下存在着蠕变现象。温度越高,在一定的应力下,材料的蠕变变形越快,破坏所需的时间越短。因此,材料在高温下首先需要具备良好的抗蠕变性能。如果高温和交变载荷同时作用,那么就会发生蠕变和疲劳的相互作用,在这种情况下,应变率、频率和停滞时间的影响都是重要的。一些有较好抗蠕变性能的合金,常常也具有较好的抗疲劳性能。

图3-6所示为钢、高强度铸铁及铝镁合金等的疲劳强度随温度升高而变化的情况。大部分金属的疲劳强度随温度升高而降低,只有碳钢比较特殊,疲劳强度约在100℃时最低,此后随温度升高疲劳强度也升高,约到350℃时疲劳强度达到最大,然后温度继续升高,疲劳强度则迅速下降。碳钢的静强度也随温度升高而增加,250℃时达最大值,不过其增加幅度较小。铸铁的高温疲劳强度也与碳钢类似。

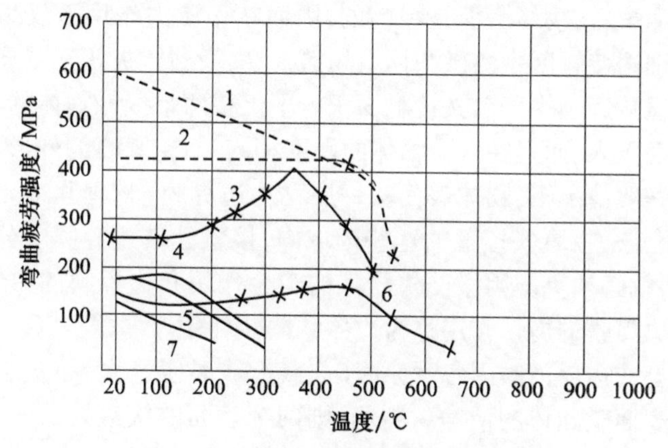

图3-6　温度对金属疲劳强度的影响

1—钦合金;2—镍铬钼钢(SAE4340);3—0.17%碳钢;
4—铝铜合金;5—铝锌合金;6—高强度铸铁;7—镁铝锌合金。

通常,无论是光滑的还是缺口的试件,低温时的疲劳强度总是高于室温时的疲劳强度。一般金属材料在-196~-186℃时,疲劳强度提高更为明显;比较软的碳钢则更为明显;光滑试件比缺口试件明显。

5. 其他因素影响

在某些情况下,加载频率、载荷类型、加载速率等也可能会对材料的寿命有很大影响。目前,对影响疲劳强度的有些因素虽然已有一些认识,但不够成熟,还有待深化。如果实际使用中温度、腐蚀的影响较大,在设计时应考虑并设法克服这些影响,在试验时就应模拟这些环境条件。对于像装甲车辆车体、炮塔、履带等大部件或整车,由于影响因素很多,尺寸效应难以估计,有些因素也不好控制,为了鉴定这些大型部件或结构的疲劳强度,有时必须进行少量的全尺寸疲劳试验,当然在进行全尺寸疲劳试验时，要求材料、工艺、装配、载荷和环境应尽量符合真实生产情况，以保证所得试验结果具有代表性。

3.3 摩擦磨损机理

3.3.1 基本概念

两个物体表面在外力作用下发生相互接触并做相对运动（或运动趋势）时，在接触面之间产生的切向运动阻力称为摩擦力，这种现象就是摩擦。摩擦作为现象或原因，一般来说，其结果必然造成磨损。磨损是材料的消耗过程。但在特定条件下，摩擦不一定导致磨损，如流体润滑中外摩擦转变为内摩擦，有能量损失，不一定有材料损失。

从微观尺度来看，物体表面是粗糙的，因而在正压力作用下发生相互接触时，两表面仅仅在理论接触区中的微凸体上相遇，一些微凸体被压平或压入配偶表面，真实接触面积通常远远小于名义接触面积。不仅在两个接触物体的硬度和弹性模量不同时会出现压入，而且在两个物体的硬度相同，而轮廓峰的外形不同时也会产生压入。而且一般情况下，物体表面被一层称为边界膜（物理膜或化学膜，如氧化膜）的东西所覆盖。在真实接触的这些区域内，接触处被边界膜所分隔，当两表面做切向位移时，就必须克服因微凸体压入的啮合作用和边界膜的剪切作用而产生的变形阻力。边界膜的剪切作用称为边界摩擦，摩擦因数一般为0.04～0.15。

如果表面上的边界薄膜因各种原因（如载荷或温度过大等）被去除或被破坏，接触将发生在表面微凸体的洁净材料间，则两个表面的接触处的原子间将会相互吸引，从而产生强大的黏着力，能在一定程度上形成牢固的节点。在高真空（如外层空间）下工作的机构中，这种现象特别显著。黏着性质取决于接触物理学及接触化学。当发生相对滑动时，一定要克服这些黏着力，也就是说，黏着产生的节点必须被剪断。剪断这些节点的力也是两个表面间产生摩擦的主要原因之一，称为黏着摩擦。

黏着作用产生的摩擦因数与节点的剪切强度相应，微凸体压入的啮合作用产生的摩擦因数与材料剪切强度和材料硬度等相关。黏着作用和啮合作用产生的摩擦称为干摩擦，摩擦因数较大，一般为0.3～0.6，铜、铬等的干摩擦因数达0.8～1.5，聚四氟乙烯的干摩擦因数最小，为0.04～0.1，石墨为0.08左右。

如果两表面之间有润滑剂存在，由于润滑剂有黏度，相对运动使润滑剂剪切滑动所产生的阻力形成了摩擦的另一个原因，称为流体摩擦。流体摩擦的摩擦因数较小，一般为0.001～0.02。

多数情况下，两表面之间既有材料间的直接接触，又有边界膜和流体膜的存在，称为混合摩擦，摩擦因数一般为0.01～0.1。

滚动摩擦则是做相对滚动的两表面之间的材料变形的滞后现象引起的。较硬的表面间的滚动摩擦因数较小,一般为 0.002 ~ 0.008,点接触滚动摩擦因数为 0.002 ~0.004,线接触滚动摩擦因数为 0.004 ~0.006。

3.3.2 摩擦磨损的分类

摩擦根据不同标准有不同的分类方法。

按摩擦副运动状态,摩擦可分为静摩擦和动摩擦。

(1) 静摩擦:两物体表面产生接触,有相对运动趋势但尚未产生相对运动时的摩擦。

(2) 动摩擦:两相对运动表面之间的摩擦。

按相对运动的位移特征,摩擦可分为滑动摩擦、滚动摩擦和自旋摩擦。

(1) 滑动摩擦:两接触物体接触点具有不同速度和(或)方向时的摩擦。

(2) 滚动摩擦:一个物体在另一物体表面上滚动时,受到接触面的阻碍作用。

(3) 自旋摩擦:两接触物体环绕其接触点处的公法线相对旋转时的摩擦。

上述摩擦方式即运动方式的叠加,就构成摩擦的复合方式,如滑动滚动摩擦。

按表面润滑状态,摩擦可分为干摩擦、边界摩擦、流体摩擦、混合摩擦、半干摩擦和半流体摩擦。

(1) 干摩擦:两摩擦表面之间既无润滑剂又无湿气的摩擦。

(2) 边界摩擦(边界润滑):以具有边界膜隔开相对运动表面时的摩擦。

(3) 流体摩擦(流体润滑):以流体层隔开相对运动表面时的摩擦,即由流体的黏性阻力或流变阻力引起的摩擦。

(4) 混合摩擦(混合润滑):半干摩擦和半流体摩擦的统称。

(5) 半干摩擦:边界摩擦和干摩擦同时发生的摩擦。

(6) 半流体摩擦:流体摩擦和边界摩擦或流体摩擦和干摩擦同时发生的摩擦。

不同的摩擦状态表现出的摩擦因数不同,图 3-7 所示的 Stribeck 曲线表现了这些摩擦状态,其中 u、η 和 p 分别是速度、润滑剂黏度和压力。

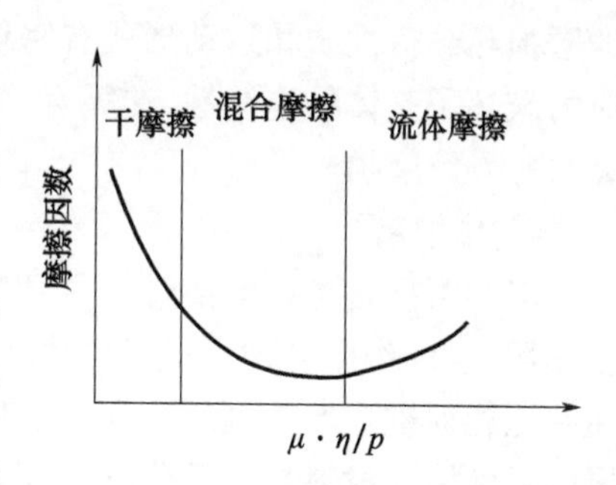

图 3-7 Stribeck 曲线

对于一般的接触表面磨损,根据其特征分为五大类:磨粒磨损(abrasive wear)、黏着磨损(adhesion wear)、表面疲劳磨损(surface fatigue wear)、腐蚀磨损(corrosiver wear)、微动磨损(fretting wear)。

1. 磨料磨损

磨料磨损(又称磨粒磨损)是指由外界硬颗粒或偶件表面的硬突起物在摩擦

过程中引起的摩擦表面材料脱落或塑性变形所导致的磨损失效，前者称为三体磨粒磨损，后者称为二体磨粒磨损，其特征在于造成部件失效的磨损来自磨粒对摩擦副材料表面的犁削作用和塑性挤压变形。硬质磨粒在摩擦表面上产生明显的磨粒划伤痕迹是判断磨粒磨损失效的必要条件。这种形式的磨损失效广泛存在于各类环境条件比较恶劣的机械设备中。

2. 黏着磨损

黏着磨损失效是指在摩擦过程中，摩擦副材料表面之间由于发生了黏着和剪切效应，使摩擦表面材料发生脱落或向对偶表面转移而导致的失效，其特征在于发生了摩擦副材料由一个表面向另一个表面或彼此之间的迁移，黏着节点强度越高，剪切深度越深，磨损越严重，直至发生胶合磨损。黏着磨损失效发生的可能性与摩擦副材料的材质有关。化学性质相似、互溶性好的弹塑性材料（如同种金属）构成的摩擦副更易发生黏着磨损。一些流体动压润滑的重载机械，由于在起动瞬间油膜尚未形成，极有可能发生黏着磨损失效。改善润滑，尤其是采用具有自润滑性能的固体润滑材料，或重新匹配摩擦副材料是预防或避免黏着磨损失效的主要途径。

3. 表面疲劳磨损

表面疲劳磨损是指摩擦副表面在循环变化的接触应力作用下，由于材料疲劳剥落形成凹坑而导致的磨损。一般来说，即使是在良好的润滑条件下，摩擦副表面的疲劳磨损依然不可避免，但大多表现为非扩展性的表面疲劳磨损。部件的疲劳磨损失效主要源于扩展性的表面疲劳磨损，其过程包括由于周期性变化的法向负载和切向摩擦力的作用（含滚动摩擦），在摩擦副次表面应力集中处萌生微裂纹，裂纹扩展到表面，形成磨损。其特征是在摩擦表面上存在痘斑状的凹坑，这种形式的磨损与载荷性质和运动形式有密切关系。摩擦副材料中的杂质、空穴、位错和内应力破坏了基体的连续性，在循环应力的作用下，形成应力集中源，容易产生疲劳裂纹并导致磨损。

4. 腐蚀磨损

腐蚀磨损是指在摩擦过程中，摩擦副材料与周围介质发生了化学或电化学相互作用，这种作用加剧了材料的磨损过程。其特征是化学腐蚀和机械磨损同时存在并互相促进。摩擦副之间存在腐蚀介质是腐蚀磨损失效的必要条件，形成的磨屑应是摩擦副材料与介质化学作用的产物。根据介质性质，腐蚀磨损又可分为氧化磨损、特殊介质腐蚀磨损和气蚀磨损等。腐蚀磨损失效（不含气蚀磨损）主要发生在与腐蚀性介质相接触（含偶然接触）的摩擦副中。一些在油润滑条件下运行的机械，若润滑油选择不当或润滑油变质等，就有可能发生腐蚀磨损并导致失效。

5. 微动磨损

微动磨损失效是指相对固定的摩擦副材料（在设计上大多为静接触）表面之间，由于环境因素所带来的振幅很小的相对振动而产生磨损所导致的失效。微动磨损是一种典型的复合磨损，其机理较复杂，包括黏着、氧化、疲劳和磨粒作用等。

一般从发生磨损部位的结构特征来判定微动磨损机理。几乎所有的机械都存在微动磨损，但微动磨损失效通常发生在各类紧固件、定位栓、榫头、销连接、铆接、锥套等连接件部位以及某些结构的结合部位。

3.3.3　磨料磨损的机理

磨料磨损原理是指零件表面材料和磨料发生摩擦接触后材料的磨损过程，亦即材料的磨屑如何从表面产生和脱落下来的。零件磨损的机理，目前已用磨损表面、亚表面及磨屑的光学显微镜、电子显微镜、离子显微镜、X射线衍射仪、能谱仪、波谱仪以及铁谱仪、光谱仪等综合分析，以及把磨损试验放到电镜中进行直接观察与录像，用单颗粒试验机进行试验等方法，以寻求揭示磨料磨损的机理。但是磨料磨损机理迄今尚不十分清楚，还存在一些争论，将一些争论及各研究者提出的机理，综合论述如下。

1. 微观切削磨损机理

磨粒作用在零件材料表面上的力，可分为法向力和切向力。法向力使磨粒压入表面，如硬度试验一样，在表面上形成压痕。切向力使磨粒向前推进，当磨粒的形状与位向适当时，磨粒就像刀具一样，对表面进行切削，而形成切屑。不过这种切削的宽度和深度都很小，因此产生的切屑也很小。虽然切削时“刀具”，即一般的磨粒，大多具有负前角的特征，切屑变形也较大，但在显微镜下观察，这些微观切屑仍具有机加工切屑的特征，如图3－8所示。这些切屑一般长宽比较大，一面较光滑，另一面有滑动的台阶，有些还有卷曲现象。

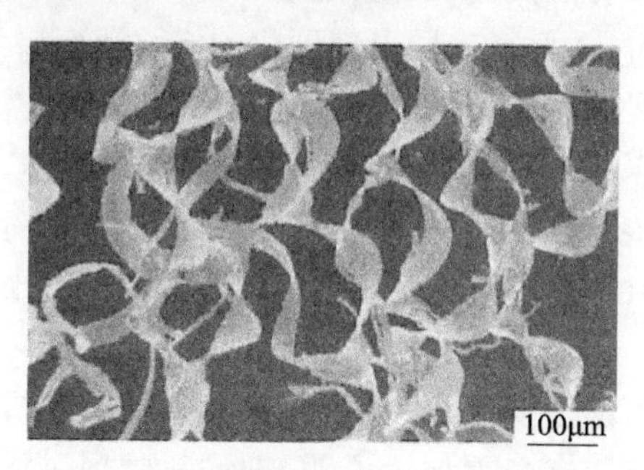

图3－8　微观切削与其发生的切屑

微观切削类型的磨损是经常见到的，特别是在固定磨料磨损和凿削式磨损中，是材料表面磨损的主要机理。

2. 多次塑变导致断裂的磨损机理

当磨粒滑过表面时，除了切削外，大部分磨粒只把材料推向前面或两旁，这些材料受到很大的塑性形变，却没有脱离母体，同时在沟底及沟槽附近的材料也受到较大的变形。犁沟时一般可能有一部分材料被切削而形成切屑，一部分则未被切削而仅有塑变，被推向两侧和前缘。若犁沟时全部的沟槽体积都被推向两旁和前缘而不产生任何一次切屑,则称为犁皱。犁沟或犁皱后堆积在两旁和前缘的材料以及沟槽中的材料,当受到随后的磨料作用时,可能把堆积起的材料重新压平,也可能使已变形的沟底材料遭到再一次的犁皱变形,如此反复塑变,导致材料的加工硬化或其他强化作用,终于剥落为磨屑。

这种形式的磨料磨损在球磨机的磨球和衬板、颚式破碎机的齿板及圆锥式破碎壁上更具有典型性。当磨粒的硬度超过零件表面材料的硬度时,在冲击力的作用下,磨料被压入材料表面,使材料发生塑性流动形成凹坑和凹坑四周的凸缘,当第二颗磨粒再压入凹坑或凹坑四周的凸缘时,又重复发生类似的塑性流动情况,如此反复塑性变形和加工硬化,使材料逐渐硬化造成脆性剥落而成为磨屑。

材料多次塑性变形的磨损是因为多次变形引起材料晶格的残余畸变,同时达到材料不破坏其间的联系而无法改变其形状的极限状态,这是由于材料不可能再继续变形和吸收能量。塑性变形降低了材料应力重新分配的能力,故有些截面(当外力不变时)由于应力的增长(集中)逐渐丧失塑性而变为脆性状态。

3. 疲劳磨损机理

克拉盖尔斯基提出“疲劳磨损机理在一般磨粒磨损中起主导作用”。“疲劳”一词是指由重复应力循环引起的一种特殊破坏形式,这种应力循环的应力幅不超过材料的弹性极限。疲劳磨损是由于表层微观组织受周期载荷作用而产生的,其特征是材料在强化过程进展的同时,过程的速度极大程度地决定于周围的介质以及介质对强化的作用。

标准的疲劳过程常有潜伏期,在此期间材料外部发生硬化但不出现任何微观破坏。当进一步发展时,在材料表层出现硬化的滑移塑变层和裂纹。

4. 微观断裂(剥落)磨损机理

磨损时由于磨粒压入材料表面具有静水压的应力状态,所以大多数材料都会发生塑性变形。但有些材料,特别是脆性材料,断裂机理可能占支配地位。当断裂发生时,压痕四周外围的材料都要被磨损剥落,其磨损量比塑性变形材料的磨损量大。

以上是磨料磨损可能出现的几种机理,有些机理以及机理的细节还有待于进一步研究和阐明。还有一点必须加以说明,即磨料磨损过程中不只是有一种机理而往往有几种机理同时存在,由于磨损时外部条件或内部组织的变化,磨损机理也相应地发生,往往从以一种机理为主转变为以另一种机理为主。

3.3.4 黏着磨损的机理

黏着磨损过程是在外力作用下,摩擦接触的表面间材料原子键的形成(显微熔接)和分离过程,外力作用下材料原子间的相互作用是主要的。

由于摩擦副之间真正的接触只发生在微凸体的微观接触面上,所有微观接触面的总和构成的真实接触面积只是名义接触面积的一个很小部分,因此在真实接触面积内具有很大的接触应力。这些应力由于切向的相对运动还会强化,以致受到负荷作用的微凸体发生弹性或塑性变形。这样,若表面上的吸附层和反应层遭到破坏,暴露在表面的原子键联结(强短程表面力的作用)得到加强。当摩擦副发生相对运动时,这种原子键又被撕开,为此所需要的力及能量是黏着摩擦的起因。磨损的产生则是由于原子键联结并不一定都在原始微观接触处断开,而有可能在摩擦副中较弱方的表面层附近断开,结果使材料从摩擦副一方向另一方转移,经常形成松脱的磨屑。

黏着磨损与其他磨损形式的明显不同在于,其他磨损形式一般都需要一段时间来扩展或达到临界破坏值,而黏着磨损则发生得非常突然;其主要发生在滑动副或滚动副之间没有润滑剂时,或其间油膜受到过大负荷或过高温度而破坏时。严重时,机械系统中运动零件的“咬死”将导致灾难性失效,如轴承抱死、剧烈磨损等。要减少黏着磨损和确定磨损率,试验数据或经验数据是必需的。

3.4　疲劳磨损机理

关于接触疲劳磨损产生的原因和机理一直备受争议,迄今还没有明确一致的结论。下面介绍几种比较重要的接触疲劳磨损理论。

由疲劳裂纹扩展成为点蚀的理论最早是在1935年由韦提出来的。他认为润滑油由于接触压力而产生的高压油波,快速进入表面裂纹,对裂纹壁产生强大的液体冲击。同时上面的接触面又将裂纹口堵住,使裂纹内的油压进一步增高,于是裂纹便向纵深扩展。裂纹的缝隙越大,作用在裂纹壁上的压力也越大,裂纹与表面之间的小块金属如同悬臂梁一样受到弯曲作用,当其根部强度不足时,就会折断,在表面形成小坑,这就是“点蚀”。如图3-9所示。韦的结论是:发生点蚀的必要条件是使用润滑油;如果油的黏度高于一定值,则油不容易进入裂纹,点蚀将不会发生;非常光滑的接触表面,不容易产生点蚀;热处理状态对点蚀有显著的影响。

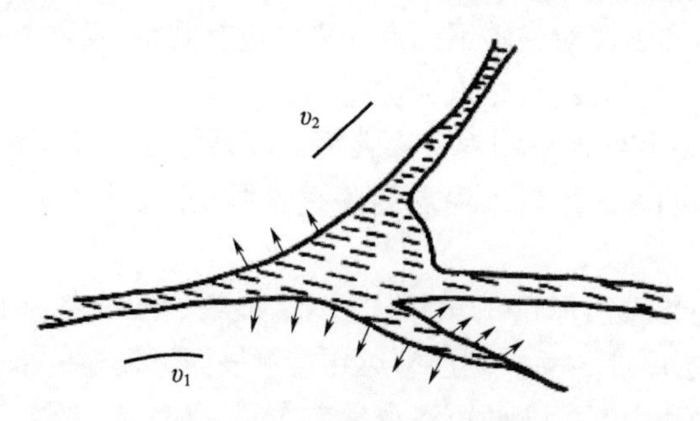

图3-9　点蚀形成的示意图

关于接触疲劳裂纹产生的起始位置,韦认为裂纹首先出现在接触表面。在韦之后,有人提出一种由于摩擦温度形成点蚀的理论。当两圆柱体接触时,由于表面粗糙不平，接触区某些部位压力很大，必然发生塑性变形，并产生瞬时高温，接触区的金属组织发生变化并产生体积膨胀效应，使表层金属隆起，于是在表面层形成裂纹或分层，然后在润滑油的作用下形成点蚀。凡凯梯西和拉曼耐逊认为点蚀主要发生在接触表面下的最大切应力处。其应力分布如图3－10所示。他们用位错理论解释点蚀的产生。由于切应力的作用，在次表层产生位错运动，位错在夹杂物或晶界等障碍处堆积。在滚动过程中，切应力的方向发生变化，所以位错运动一会儿向前，一会儿向后。由于位错的切割，形成空穴，空穴集中形成空洞，最后成为裂纹。裂纹产生的判据可表示为

$$\tau > \frac{2}{\beta}\left[\frac{\gamma E}{D}\right]^{1/2} \tag{3-2}$$

式中：τ 为临界切应力；γ 为表面能和裂纹扩展到邻近晶粒的塑性变形功；E 为弹性模量；D 为平均晶粒直径；β 为常数。

裂纹产生后，在载荷的反复作用下，裂纹扩展，最后折向表面，形成点蚀。

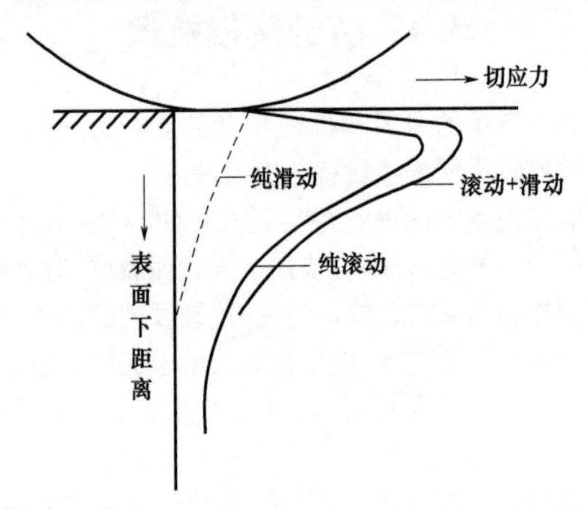

图3－10　滚动与滑动时，接触面下剪应力的分布

用光学显微镜和电镜对渗碳钢的点蚀表面进行观察，发现表面硬度越来越高，或渗碳层越深，点蚀坑越浅，反之点蚀坑越深。

1978年，弗治塔和约西塔用镍铬渗碳钢比较系统地研究了纯滚动及滚滑条件下的接触疲劳磨损问题。探讨了深层剥落裂纹形成及扩展的机理，并用弹性理论进行了应力分析。

他们发现不同渗碳层厚度的试样，其剥落裂纹的形式都是相同的，与接触状态、赫兹应力和深层厚度无关。剥层裂纹在接触表面下较浅的部位首先形成，然后通过重复的滚动接触引起的弯曲可以产生二次裂纹和三次裂纹，使剥层底部加深，最后裂纹扩展到两端而发生断裂，形成较深的剥落坑。

3.4.1 腐蚀磨损的机理

腐蚀磨损可分为化学腐蚀磨损与电化学腐蚀磨损,化学腐蚀磨损又可分为氧化磨损和特殊介质腐蚀磨损两种。

1. 氧化磨损

在磨损过程中,金属表面受空气或润滑剂中氧的作用形成氧化膜,然后氧化膜不断地被磨去而使零件金属发生损耗的现象,称为氧化磨损。

除极少数贵金属外,洁净的金属一旦与空气接触,立即与空气中的氧反应成为单分子层的氧化膜。以后膜的厚度逐渐增长,其增长速率随时间而变化。例如,钢的氧化膜生长速率按时间的指数规律降低。铝在空气中当氧化膜达到一定厚度时(约 2×10^{-6}cm),因基体与环境之间被致密的氧化膜完全隔离,则反应停止。若氧化膜为多孔性的,则反应速率呈线性关系增长。

一般认为造成氧化磨损的条件有三个:摩擦表面氧化膜的速率大于氧化膜被磨损的速率;氧化膜与基体结合的强度大于摩擦表面的切应力;氧化膜厚度大于表面磨损破坏的深度。

氧化膜性质对磨损的影响一般分为氧化膜与基体金属的体积比、氧化膜硬度 H_0 与金属硬度 H_m 之比、氧化膜的力学性能、氧化膜与工作环境的关系。

2. 特殊介质腐蚀磨损

特殊介质腐蚀磨损是指摩擦副工作在除氧以外的其他介质(如酸、碱、盐等)中,并和它们发生作用形成各种不同的产物,又在摩擦中被除去的过程。它的磨损过程和氧化膜的磨损过程十分相似,使材料的磨损速度较大。腐蚀作用加速,磨损也加速。但若在某种介质中使金属形成一层致密的并与基体结合强度高的保护膜,则可使腐蚀磨损速度减小。

特殊介质腐蚀磨损的影响因素分为两个方面:①腐蚀介质的性质、温度与零件应力状态的影响;②材料性质的影响。镍、铬、钛等金属在特殊介质作用下易形成结合力强、结构致密的钝化膜。钨、钼在500℃以上,表面会生成保护膜,因此,钨、钼是抗高温腐蚀磨损的金属,镍、铬是抗腐蚀磨损的金属。此外,由碳化钨或碳化钛组成的硬质合金,都具有耐腐蚀磨损的能力。

3. 电化学腐蚀磨损

以形成微电池为主的磨损称为电化学腐蚀磨损。例如,钢中 Fe 的电极电势低于渗碳体 FeC_3,即 Fe 易失去电子;钢铁露在潮湿的空气中,表面有吸附作用,使表面吸附上一层极薄的水膜,而水中含有 H^+ 和 OH^-,并溶有氧,因此形成以铁为负极、渗碳体为正极的微电池。

铁原子成为 Fe^{2+} 进入水溶液中,留下两个电子(正极反应)。电子通过金属到达"氧还原"反应处耗去电子(负极)。此作用形成 OH^- 离子,其与 Fe^{2+} 化合形成 $Fe(OH)_2$;但并不在表面形成而常沉淀在水中,其反应可总结为

$$材料+水\longrightarrow(水化)金属氧化物$$

与干态氧化相同。

由此可见，Fe^{2+}在溶液中的形成与M^{2+}的形成和扩散是类似的，而OH^-的形成和氧在表面膜中的还原是类似的。而湿腐蚀快速的原因为：①$Fe(OH)_2$或从腐蚀材料中沉积出来或沉积在金属表面，为松散的沉积物，保护作用很小或没有；②M^{2+}和OH^-常在液体中扩散，故扩散速度很快；③在还原材料中电子移动速度很快。结果使铁在含氧水中的损失是在干空气中损失的10万倍。

在干氧化中，材料氧化倾向和定量关系用从材料和氧中形成氧化物所需的能量来表示。在湿氧化中，由于电子在导体中流过，故材料的氧化用电位差来衡量较合理。

3.4.2 微动磨损的机理

微动磨损过程如下：接触压力使摩擦副表面的微凸体产生塑性变形和黏着，在外界小振幅振动作用下，黏着点剪切，黏着物脱落，剪切表面被氧化。对于钢铁零件，氧化物以Fe_2O_3为主，磨屑呈红褐色。若摩擦副间有润滑油，则流出红褐色胶状物质。由于两摩擦表面紧密配合，磨屑不易排出，这些磨屑起着磨料的作用，加速了微动磨损的过程。这样循环不止，最终导致零件表面破坏。当振动应力足够大时，微动磨损处会成为疲劳裂纹的核心，导致早期疲劳断裂。

早期对软钢微动磨损的研究认为：微动磨损包括四个阶段（图3-11和图3-12）；第一阶段（*0A*段），微凸体的黏着金属在接触表面间相互转移；第二阶段（*AB*段），磨损的颗粒氧化、脱落并粉碎后，就变为加工硬化的磨屑对表面的磨料磨损；第三阶段（*BC*段），磨损率下降，可能是因为钢试样表面也被加工硬化；第四阶段（*CD*段）为稳定阶段，磨屑产生速率基本不变。

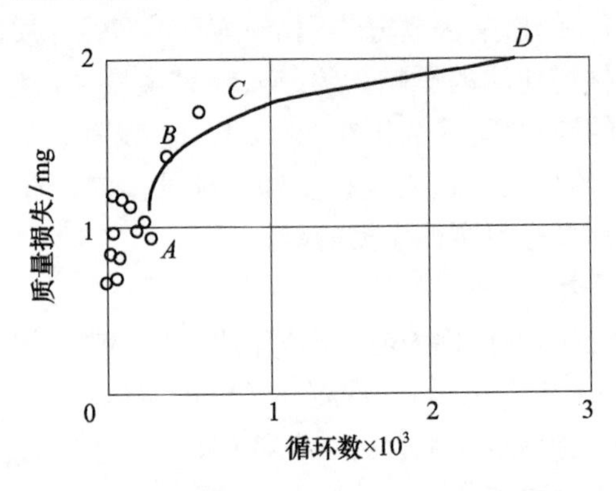

图3-11　钢的微动磨损和循环数的关系曲线

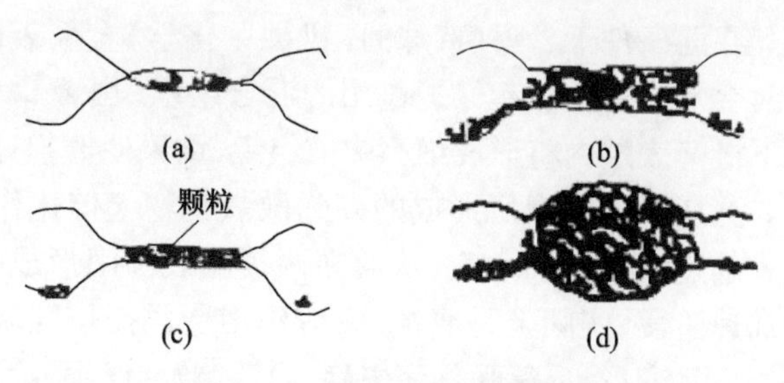

图3-12　微动磨损过程图解

上述模型在许多情况下不适用,如有些氧化物颗粒增多时磨损并不会加剧,甚至可能起到有益的润滑作用。一些金属在非氧化性气氛中或某些贵金属如黄金的微动磨损过程中,氧化并不会促进微动磨损的发展。

哈立克认为微动磨损包括三个阶段:金属之间的黏着和转移、由于力学和化学作用产生磨屑、由于疲劳而持续不断地产生磨屑。

用扫描电镜观察微动磨损过程中出现的疲劳损伤。磨损初期金属与金屑接触,在很小范围内发生咬合或焊合而造成裂纹,这个裂纹可能成为以后疲劳开裂的裂纹源。但是常常发现在微动磨损初期出现加速磨损,以后就进入稳定磨损状态。在这种情况下,疲劳开裂失效就可能避免。出现这种现象可能是由于微动磨损过程中产生的磨屑起着润滑作用,同时形成裂纹源的材料在裂纹扩展前已被磨去。

沃特豪斯提出钢和较贵重的金属在微动磨损的早期发生黏着和焊合,使材料凸出于原始平面,随后又被抹平,最后由于剥层而被磨去。用表面轮廓仪测定可以确认这个过程。据此,他提出微动磨损的初期损伤是在两个摩擦面之间实际接触点上产生黏着和焊合,导致材料被拔起并凸出于原来的表面。这个阶段磨损的严重性和范围取决于金属的活性和环境的腐蚀性。凸起的材料又被抹平,使表面变得光滑,被抹平的材料因剥层而被磨去,形成为氧化物所覆盖的金属片状磨粒。这些松散的磨粒进一步被磨成细粉而成为圆柱形或球形。磨损的剥层现象是次表面孔洞粗化或表面疲劳而产生的次表层裂纹扩展的结果。在接触区磨屑不断地被压实,使交变切应力穿过界面,导致剥层不断地进行。磨损过程中的加工硬化或加工软化对表层材料的疲劳性能都起不好的作用,而且加速剥层过程的进行。

金属和聚合物之间微动磨损的最初阶段不存在接触表面的冷焊和明显的表面损伤,过一段诱导期后将出现氧化铁对聚合物的黏着,导致钢表面的损伤。产生的氧化物磨粒也是片状的,这可能也是剥层的结果。

化学作用在微动磨损中也起重要作用。微动磨损初期,接触表面微凸体严重塑性变形和强化,使表层成为超弥散状态,加速了氧化反应;其后疲劳损伤继续在次表层积累,与此同时,氧气和水汽吸附于氧化物上,故在摩擦区内形成腐蚀活性介质。此阶段的磨损速度较慢,这主要是与摩擦表面上所形成的氧化膜的破裂有关,而且从接触区排走的微粒与产生的微粒相平衡,故氧化膜摩擦区内的磨损产物数量达到平衡值。在此条件下，一种特殊的（机械－化学）金属表面加速氧化的机理在起作用。这时会形成一种能起保护作用的混合组织（由金属和氧化物组成），在交变接触作用下极薄表层内将形成细小弥散组织，结果使磨损速度得以降低，此阶段称为潜伏期。金属微动磨损所形成的高弥散氧化物起催化作用，以活化原子团和离子根的形式加速吸附氧和水汽，从而在两接触表面间形成一种电解质。最后是微动磨损的加速阶段，实际上是腐蚀、疲劳作用造成损伤区域的最终破坏，同时还由于金属表层反复变形，反复强化而失稳、脱落，致使磨损速度加快。

总之，微动磨损的机理是复杂的，黏着磨损、腐蚀磨损、疲劳磨损和磨料磨损都可能存在，或其中有几种机制起作用，必须对具体问题和不同条件下的微动磨损具体分析。

3.4.3 影响磨损的因素

不同的磨损形式，其影响因素有一定的差别。总结起来，影响磨损的因素共分为以下三类。

1. 力学因素

力学因素是主要的影响因素，如载荷（大小、频率、形式等）对磨损有较大影响。如较大的载荷导致磨料磨损较大的磨损量，一般地，球承轴的寿命与载荷的立方成正比，即

$$N \times W^3 = 常数 \tag{3-3}$$

式中：N 为球承轴的寿命，即循环次数；W^3 为外加载荷。

又如随着载荷频率的增大，空气中微动磨损会逐步减小到定值，然后趋于稳定；振幅很小的相对振动会导致微动磨损。

2. 材料因素

材料的成分、显微组织（基体组织、第二相、夹杂物、晶界、内缺口和各向异性）和力学性能（硬度、断裂韧性、弹性模数、真实切断抗力、抗拉强度等）是影响磨损的主要因素。

3. 环境因素

气氛、湿度、温度、润滑、腐蚀介质等对磨损有较大影响。例如，高温能引起材料表面的氧化、软化、硬化甚至熔化，使磨损更为复杂；在含有腐蚀性气体或离子的液体时，会发生腐蚀磨损。

3.5 腐蚀损伤机理

3.5.1 腐蚀的概念

“腐蚀”一词来源于拉丁语“Corrodere”，意指“损坏、腐烂”。腐蚀是一种自然

现象,因此腐蚀的定义也随着人们认识的改变而发生变化。目前,一般认可的定义是:材料腐蚀是材料受其周围环境介质的化学、物理或者生物的作用而引起材料物理化学性能和力学性能退化,以致最终丧失其使用功能的现象。材料腐蚀的现象,如铁在自然环境中的锈蚀,涂料和橡胶由于阳光(老化)和化学物质作用引起开裂、鼓泡等,非金属材料的腐蚀有时称为老化,目前非金属材料的腐蚀机理还未形成一个比较成熟的、能为多数人所认同的理论,对非金属材料腐蚀机理的研究工作依然是基础研究的重要方向。如果把材料和环境近似视为一个系统,则材料的腐蚀是该系统熵增加的一个自发现象。下面详细介绍金属腐蚀和高分子材料腐蚀(老化)。

3.5.2　金属腐蚀

金属腐蚀是金属从元素态转变为化合态的化学变化及电化学变化,它是金属冶金的逆过程,在热力学上是一个自发的过程。

由于金属腐蚀的现象和机理比较复杂,所以金属腐蚀有不同的分类。常用的分类方法是按腐蚀机理(历程)、腐蚀形态和腐蚀环境三方面来进行分类(图3-13)。

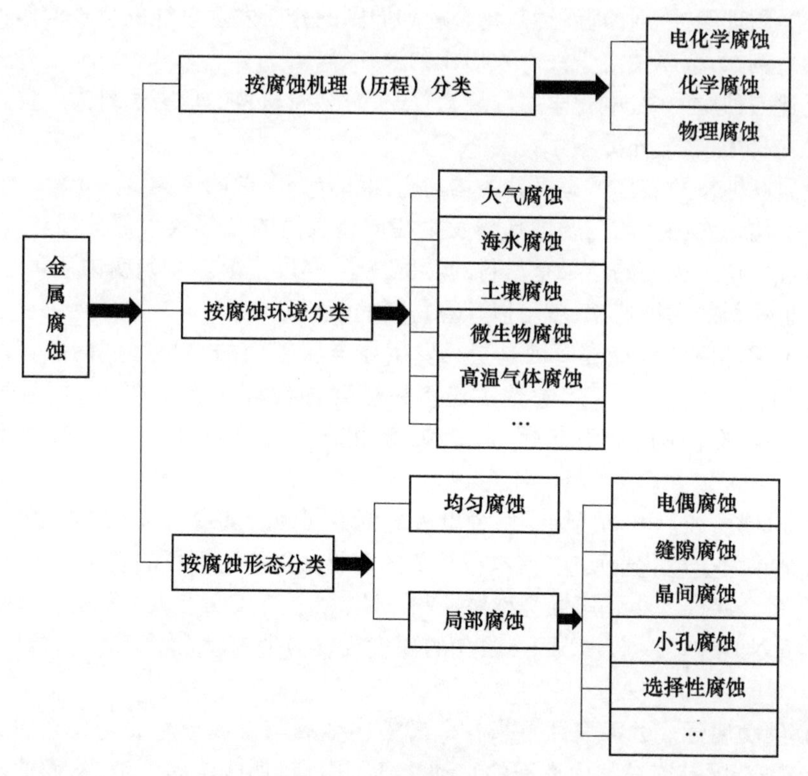

图3-13　金属腐蚀的分类

1. 金属腐蚀的分类

1）按腐蚀机理（历程）分类

金属腐蚀按照腐蚀机理（历程）可分为化学腐蚀、电化学腐蚀和物理腐蚀。

（1）化学腐蚀。化学腐蚀是指金属表面与非电解质直接发生化学反应而引起的破坏，在反应过程中没有电流产生。例如，钢铁材料在空气中加热时，铁与空气中的氧气发生化学反应生成疏松的铁的氧化物。

化学腐蚀中，对宇航产品影响较大的是原子氧化学腐蚀。在空间环境低于地球轨道（通常认为200～700km高度）上，宇航材料受到以原子态氧存在的残余气体环境的腐蚀作用。原子氧是氧分子经受太阳紫外线（$\lambda \leqslant 243nm$）辐照而产生的；原子氧的化学活性比分子氧高得多，其氧化作用远大于分子氧。在高温和高速碰撞下原子氧对材料的腐蚀作用是非常严重的。国外航天界专家一致认为原子氧是低地球轨道航天器表面最危险的环境因素。原子氧的腐蚀与特定的宇航产品相关，详细的原子氧腐蚀作用将在环境分析章节中讨论。

（2）电化学腐蚀。电化学腐蚀是指金属在水溶液中与离子导电的电解质发生电化学反应产生的破坏，在金属表面阴阳极组成了短路电池，腐蚀过程中有电流产生。例如，金属在空气、海水、土壤、酸碱盐溶液中的腐蚀均属于这一类。

（3）物理腐蚀。物理腐蚀是指金属和周围的介质发生单纯的物理溶解而产生的破坏。例如，金属钠溶于液态汞形成钠汞齐等。

上述三种腐蚀中，电化学腐蚀最为普遍，对金属材料的危害也最为严重。

2）按腐蚀形态分类

金属腐蚀按照破坏形态可分为均匀腐蚀和局部腐蚀两大类。

（1）均匀腐蚀。均匀腐蚀是指发生在金属表面的全部或大部分损坏，也称为全面腐蚀。均匀腐蚀的结果是材料的质量减小，厚度变薄。均匀腐蚀危害性较小，只要知道材料的腐蚀速率，就可以计算材料的使用寿命。

（2）局部腐蚀。局部腐蚀是指只发生在金属表面的狭小区域的破坏。其危害性比均匀腐蚀严重得多，它约占设备机械腐蚀破坏总数的70%，而且可能是突发性和灾难性的，会引起爆炸、火灾等事故。局部腐蚀主要有五种不同的类型。

① 电偶腐蚀。电偶腐蚀是两种电极电位不同的金属或合金互相接触，并在一定的介质中发生电化学反应，使电位较负的金属发生加速破坏的现象。

② 小孔腐蚀。小孔腐蚀又称坑蚀和点蚀，在金属表面上极个别的区域产生小而深的孔蚀现象。一般情况下，蚀孔的深度要比其直径大得多，严重时可将设备穿通。

③ 缝隙腐蚀。缝隙腐蚀是指在电解液中金属与金属或金属与非金属表面之间构成狭窄的缝隙，缝隙内离子的移动受到了阻滞，形成浓差电池，从而使金属局部破坏的现象。

④ 晶间腐蚀。晶间腐蚀是指金属在特定的腐蚀介质中,沿着材料的晶界出现的腐蚀,使晶粒之间丧失结合力的一种局部破坏现象。

⑤ 选择性腐蚀。选择性腐蚀是指多元合金在腐蚀介质中,较活泼的组分优先溶解,结果造成材料强度大大降低的现象。图 3 - 14 给出了部分腐蚀类别的典型形态。

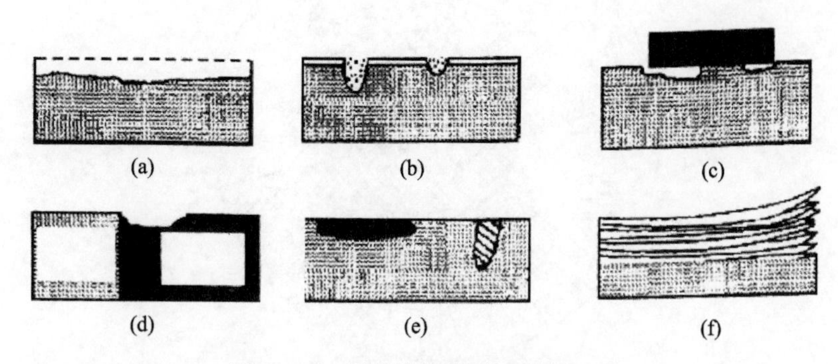

图 3 - 14　部分腐蚀类别的典型形态

(a)全面腐蚀;(b)点蚀;(c)缝隙腐蚀;(d)电偶腐蚀;(e)选择性腐蚀;(f)剥防腐蚀。

另外,应力腐蚀、磨损腐蚀、氢脆等也被认为是局部腐蚀。

3) 按腐蚀环境分类

金属腐蚀按照腐蚀环境可分为大气腐蚀、海水腐蚀、土壤腐蚀、微生物腐蚀、高温气体腐蚀、辐射腐蚀、酸碱盐中的腐蚀、熔盐腐蚀及非水溶液中的腐蚀等。下面介绍其中常见的几种。

(1) 大气腐蚀。大气腐蚀是指金属在大气环境下发生的腐蚀。

(2) 海水腐蚀。海水腐蚀是指金属在海洋环境中发生的腐蚀,如舰船、航空母舰、海洋平台、码头等。

(3) 土壤腐蚀。土壤腐蚀是指埋设在地下的金属构筑物(石油管道)在土壤作用下发生的腐蚀。

(4) 微生物腐蚀。微生物腐蚀是指金属在某些微生物生命活动产物影响下所发生的腐蚀。

(5) 化工介质中的腐蚀。化工介质中的腐蚀是指金属在酸碱盐溶液、有机化合物、含水的有机溶剂介质中的腐蚀。

(6) 熔融介质中的腐蚀。熔融介质中的腐蚀是指金属在熔融盐、碱和高温液体金属中的腐蚀。

2. 影响金属腐蚀的因素

影响金属腐蚀因素极为复杂,图 3 - 15 总结了影响腐蚀的各种因素。高原环境对装甲车辆的金属腐蚀的形式主要是大气腐蚀,因此这里主要讨论影响大气腐蚀的主要因素。

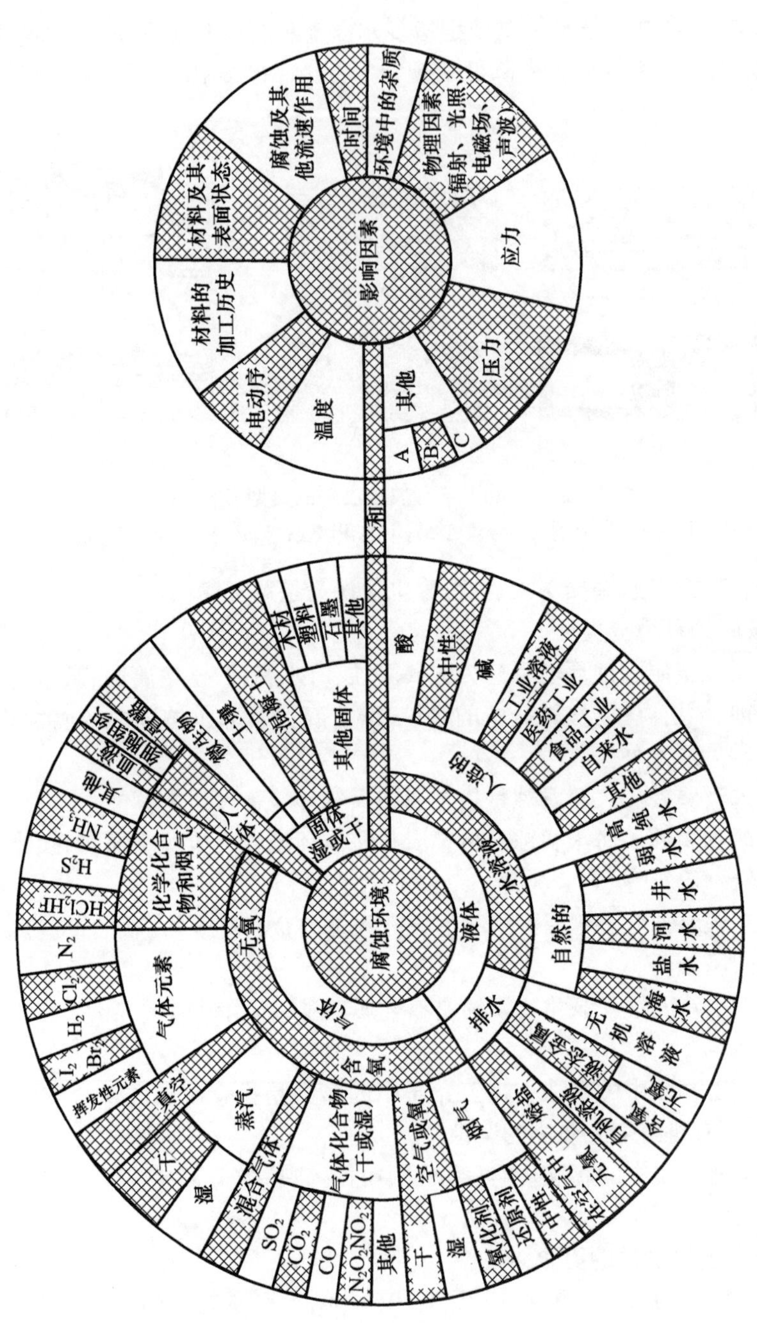

图 3－15　影响腐蚀的各种因素

影响大气腐蚀的因素很多,其主要可以分成气候因素和腐蚀性因素两类。

1) 气候因素

影响金属腐蚀的主要气候因素有相对湿度、表面润湿时间、气温、降雨、日照等。

(1) 相对湿度。相对湿度是引起金属大气腐蚀的重要原因。相对湿度是大气中的水蒸气与同一温度下大气饱和水蒸气压的比值。每种金属都存在一个腐蚀速率开始急剧增加的湿度范围,人们把大气腐蚀速率开始急剧增大时的大气相对湿度值称为临界湿度。对于钢、铁、铜、锌,临界湿度为70%~80%。如果相对湿度达60%以上,钢的腐蚀量就急剧上升;而临界湿度小于60%,腐蚀速率很慢,几乎不被腐蚀。

(2) 表面润湿时间。当金属表面被水分润湿,形成肉眼可见或者不可见的液态膜时,金属的腐蚀就大大加速了,表面被润湿的时间就是表面润湿时间。

(3) 气温。当相对湿度达到临界湿度以上时,温度的影响十分明显。按一般化学反应,温度每升高10℃,反应速率约为原来的3倍。

(4) 降雨。降雨对大气腐蚀具有两方面的作用:一方面增大了大气中相对湿度,增加了腐蚀速率;另一方面降雨能冲刷金属表面的污染物和灰尘,减缓腐蚀。

(5) 日照。日照可使金属表面水分蒸发更快,降低表面润湿时间,从而降低腐蚀。但是对于有机涂层防护的金属而言,日照会破坏有机涂层的防护性能,加速金属的腐蚀。

2) 腐蚀性因素

大气中常含有SO_2、CO_2、H_2S、NO_2、NaCl以及尘埃等,这些污染物不同程度地加速大气腐蚀,其中,最常见的腐蚀性因素是硫化物和氯化物。硫化物在材料表面和金属作用,溶于水中产生硫酸、亚硫酸等酸性物质,从而加速材料的腐蚀;氯化物在水中形成的氯离子对材料的表面有很强的穿透能力,从而加速材料的腐蚀。

大气中固态颗粒杂质通常称为尘埃。它的组成非常复杂,除海盐外,还有碳和碳化物、硅酸盐、氮化物、铵盐等固态颗粒。尘埃对大气腐蚀的影响有三种方式:①尘埃本身具有腐蚀性,如铵盐颗粒能溶入金属表面的水膜,提高电导和酸度,促进了腐蚀;②尘埃本身无腐蚀作用,但能吸附腐蚀物质,如碳能吸附SO_2和水生成腐蚀性的酸性溶液;③尘埃沉积在金属表面形成缝隙而凝聚水分,形成氧浓差引起缝隙腐蚀。

3.5.3 高分子材料腐蚀

高分子材料受其周围环境介质的化学、物理或者生物的作用引起其物理化学性能和力学性能退化,以致最终丧失其使用功能的现象称为高分子的腐蚀,俗称老化。

一般的高分子材料可称为高分子聚合物,它是由具有共价键分析聚合而成的结构单元(称为单体)不断重复连接而成的聚合物。聚合物的结构单元(或单体)由官能团、碳氢化合物基(或称为碳骨架)构成。高分子材料和环境条件构成了一个系统,高分子材料的腐蚀过程在宏观上是该系统演变的结果,而微观上是高分子的降解、交联及物理过程引起的次价键的破坏。

1. 高分子材料腐蚀的分类

根据高分子材料与环境介质的反应过程及反应机理,可将高分子材料的腐蚀分为溶解、腐蚀、化学侵蚀、降解、环境应力开裂,以及生物腐蚀等。

2. 高分子材料腐蚀的理论

1)溶解腐蚀和溶胀

当溶剂小分子渗入高分子材料内部破坏大分子之间的次价键,并与大分子发生溶剂化作用时,高分子材料可能会发生溶胀、软化甚至溶解,称为溶解腐蚀和溶胀。

2)化学侵蚀

当高分子材料与酸、碱、盐的水溶液或者气体接触时,由于活性介质和高分子材料内部分子发生化学反应而导致大分子主键发生破坏、裂解,称为化学侵蚀。

3)降解

高分子材料的降解是高分子材料最常见的腐蚀现象,它是一个高分子材料相对分子质量下降的过程,造成高分子材料降解的原因很多,简单分述如下。

(1)在户外大气环境中,太阳中的紫外光波长较短(290~400nm),但是其光量子的能量很高,能破坏高分子链上各种化学键,并发生复杂的光氧化作用,这种现象称为光降解。

(2)在生物作用下,高分子聚合物发生破坏和同化的过程,称为生物降解或微生物腐蚀。引起生物降解的微生物主要包括真菌、霉菌和藻类。

(3)核反应堆的高辐射源,产生能量很高的射线和粒子,可以改变高分子材料的分子结构,使大分子链降解,称为辐射降解。

4)应力腐蚀

在应力与某些介质的共同作用下,不少高分子材料会出现银纹,并进一步生长为裂缝,直至发生脆性断裂,其断裂应力比在惰性环境中低得多,称为高分子材料的应力腐蚀。高分子材料的应力腐蚀是由于介质和应力的协同作用导致材料的局部出现薄弱环节,形成微空洞(即银纹),进而加速材料的断裂。

3. 影响高分子材料腐蚀的因素

高分子材料的腐蚀受材料自身的因素(化学结构、聚集态结构和配方条件)和环境因素的共同影响,环境因素包括物理因素(如光、热、机械应力)、化学因素(如有机溶剂、氧、水、酸、碱等)和生物因素(微生物、海洋生物等)。高分子材料的腐蚀是高分子材料/环境系统所表现出的一种复杂现象,对具体系统往往表现出不同的腐蚀形式。表3-1是高分子材料在大气和水介质中的腐蚀破坏形式。

表3-1 高分子材料在大气和水介质中的腐蚀破坏形式

化学环境	氧	氧	氧	水及水溶液	大气中氧/水汽	水/水溶液	水/水汽		
其他	中温	高温	紫外线		室温	应力	微生物	热	辐射
腐蚀形式	化学氧化	燃烧	光降解	水解	风化	应力腐蚀	生物腐蚀	热分解	辐射分解

3.6 电子产品环境损伤

电子元器件、集成电路等电子产品也是由材料构成的,因此上述章节中材料的环境损伤机理也适用于该类电子产品。但是电子元器件、集成电路实际上是由多种材料构成的复杂结构,并且一般安装在装备的内部,因此它们的故障模式更为复杂,其环境损伤主要由局部的温度、湿度以及诱发力学因素造成。

3.6.1 温度对电子产品的影响

温度对电子元器件、集成电路等电子产品的影响是多方面的,如高温或低温超出电子产品的耐受范围而导致故障,由于电子产品内部材料膨胀系数不匹配导致变形等。温度对电子产品最突出的影响是性能退化。

温度对电子产品的作用可以用阿仑尼乌斯反应论模型来表示,即

$$r = A\exp\left(-\frac{E_a}{kT}\right) \tag{3-4}$$

式中:r 为反应速度;A 为与温度无关的常数;E_a 为激活能(eV);$k = 8.623 \times 10^{-5}$ eV/K,为玻尔兹曼常数;T 为热力学温度。

在式(3-4)中,激活能是使构成装备的物质发生退化反应所需要的能量势垒。在微观上,构成装备个别的分子、原子按照一定概率超过这一能量势垒发生变化,这样构成装备的材料就会按照一定的速度退化,从而导致装备耐环境能力的损耗。

式(3-4)的反应论模型来源于化学反应,但是它不仅仅适用于化学过程,如老化,对于蠕变、断裂传播等机械变化过程同样适用,也可应用于电子产品微观上离子迁移、扩散等过程。

假设电子产品的寿命对于过程的逆反应率是成正比的,设 L 为温度 T 的寿命,则

$$L = r^{-1} = A^{-1}\exp\left(\frac{E_a}{kT}\right) \tag{3-5}$$

从式(3-5)可以看出,温度直接影响电子产品的寿命。

3.6.2 湿度对电子产品的影响

湿度对电子产品也有较大的影响,过低的湿度一般情况下仅仅可能导致静电的积聚,引起电子产品的故障;湿度的急剧变化可能会导致结露,附着在电路和电子元器内部,导致电路的故障;另外,高湿度还可以在绝缘体表面吸收水分,于是来自铜、焊锡等的金属离子被溶解而使电子产品的表面发生离子迁移,从而导致故障。

湿度对电子产品最突出的影响是和电子产品中的金属发生作用产生腐蚀。电子元器件内部的腐蚀问题往往与芯片内部的钝化层的缺陷或损伤有关,水分与其他污染物(如氯化物)会进入芯片金属化层,从而导致芯片内部的腐蚀,导致芯片局部电信号的间断。集成电路上的腐蚀主要集中在键合焊盘上,键合焊盘是为金或铜引线提供金属接触面的一种结构,由于键合焊盘不进行钝化处理,所以它对腐蚀尤为敏感。

湿度导致的电子产品的腐蚀符合腐蚀损伤机理,从其故障物理的分析可以获得其寿命指标。湿度导致的电子产品失效时间或者寿命有下列模型。

1. 指数型湿度倒数模型

指数型湿度倒数模型为

$$\mathrm{TF}=A_0\exp\left(\frac{b}{\mathrm{RH}}\right)\exp\left(\frac{E_{\mathrm{a}}}{kT}\right) \tag{3-6}$$

式中:TF 为失效时间(寿命);A_0 为与工艺和材料相关、与温度无关的常数;b 为与湿度相关的常数(%);RH 为相对湿度(%);E_{a} 为激活能(eV);$k=8.623\times10^{-5}\mathrm{eV/K}$,为玻尔兹曼常数;$T$ 为热力学温度。

式(3-6)适用于采用磷酸盐玻璃作为互连介电层或钝化层,由磷酸盐引起的铝腐蚀的激活能约为0.3eV。

2. 幂律型湿度模型

幂律型湿度模型为

$$\mathrm{TF}=A_0\exp(\mathrm{RH})^{-n}\exp\left(\frac{E_{\mathrm{a}}}{kT}\right) \tag{3-7}$$

式中:TF 为失效时间(寿命);A_0 为与工艺和材料相关、与温度无关的常数;RH 为相对湿度(%);n 为幂律指数;E_{a} 为激活能(eV);$k=8.623\times10^{-5}\mathrm{eV/K}$,为玻尔兹曼常数;$T$ 为热力学温度。

式(3-7)适用于氯化物诱发的已塑封芯片的腐蚀失效,其中幂律指数一般取2.7,氯化物诱发的铝腐蚀的激活能取值为0.7~0.8eV。

3. 指数型湿度模型

指数型湿度模型为

$$TF = A_0 \exp(aRH)\exp\left(\frac{E_a}{kT}\right) \tag{3-8}$$

式中：TF 为失效时间（寿命）；A_0 为与工艺和材料相关、与温度无关的常数；RH 为相对湿度（%）；a 为湿度加速参数；E_a 为激活能（eV）；$k = 8.623 \times 10^{-5}$ eV/K，为玻尔兹曼常数；T 为热力学温度。

式（3-8）适用于集成电路的腐蚀失效，并且适用于 20% ~ 80% 的湿度范围，其中湿度加速参数一般取 0.10 ~ 0.15，氯化物诱发的铝腐蚀的激活能取值为 0.7 ~ 0.8eV。

3.6.3　温度循环对电子产品的影响

电子产品往往要不断经过通电和断电的循环过程，导致电子产品不断经受温度循环，而电子产品又是多种材料组成的，所以膨胀系数的不同使这些材料变形不一致，造成电子产品内部产生机械应力，这种应力称为热机械应力，简称热应力。热应力随着通断电循环而变化，导致电子产品内部产生疲劳，随着疲劳的积累，导致电子产品出现故障。

电子产品局部材料的热疲劳也符合疲劳损伤的机理，而且对于电子产品局部的塑性材料，在低周疲劳情况下，其寿命符合 Coffin - Manson 模型：

$$CTF = A_0 \Delta\varepsilon_p^{-s} \tag{3-9}$$

式中：CTF 为失效循环次数（寿命）；A_0 为与工艺和材料相关、与温度无关的常数；$\Delta\varepsilon_p$ 为塑性应变范围；s 为经验参数。

低周疲劳是指经历几百或者几千次循环就发生疲劳失效，高周疲劳则需要经历上万次循环才发生失效的疲劳。

在一个温度循环中，并非整个温度变化范围 ΔT 内都产生塑性变形，如果在一部分温度范围 ΔT_0 内仅发生弹性变形，而不产生塑性变形，扣除这部分变形，Coffin - Manson 模型可修正为

$$CTF = A_0(\Delta T - \Delta T_0)^{-q} \tag{3-10}$$

式中：CTF 为失效循环次数（寿命）；A_0 为与工艺和材料相关、与温度无关的常数；ΔT 为温度范围；ΔT_0 为仅发生弹性变形温度范围；q 为经验参数。

对于不发生弹性变形的脆性材料来说，Coffin - Manson 模型可修正为

$$CTF = A_0 \Delta T^{-q} \tag{3-11}$$

式中：CTF 为失效循环次数（寿命）；A_0 为与工艺和材料相关、与温度无关的常数；ΔT 为温度范围；q 为经验参数。

3.7　装备环境评价

装备环境评价是从装备运用环境质量的基本概念出发，依据环境价值的基本

原理,应用各种手段和方法,研究、评价各种装备运用环境的质量水平及其变化对装备运用的影响。

3.7.1 基本概念

1. 相关定义

1）环境质量

环境质量是环境科学中的一个重要概念。环境质量是环境系统客观存在的一种本质属性,是能够用定性和定量方法加以描述的环境系统所处的状态。环境质量是客观存在的,但由人们来描述就带有了主观因素。

2）环境评价

严格来说,环境评价应为环境质量评价。环境评价是环境科学的一个分支,也是环境防护中的一项重要工作。环境评价就是对环境质量按照一定的标准与方法给予定性和定量的说明与描述。环境评价的对象是环境质量及其价值。

3）装备环境评价

装备环境评价是环境科学在兵器科学与技术领域的应用,是指对装备运用环境质量及其价值按照一定的标准与方法给予定性和定量的说明与描述。

在理解装备运用环境评价的定义时,应把握以下几个关键词。

(1) 质量和价值。价值是指环境的作用大小,也就是重要性,为决策提供考虑的优先顺序;质量是指环境的水平,也就是状态,如某一环境是否符合要求等。

(2) 标准和方法。这是评价的两个最基本要素。例如,对发动机高温环境适应性进行评价,首先要有标准——温度达标条件,其次要有方法——高温环境试验方法,有了这两个要素才能进行评价。

(3) 定性和定量。根据统计数据进行定量评价是理想的评价方法。当然,对数据的评价方法不同得出的结果也会有差异,这是评价方法的范畴。但很多情况下某些因素是难以量化的,这就需要定性分析评价。

2. 评价要素与评价因子

1）环境要素

构成环境整体的各个独立的性质不同而又服从总体演化规律的基本物质组分称为环境要素,由这些环境要素构成环境的结构单元。环境的结构单元又组成环境的整体或环境系统。以装备存放环境为例,环境要素主要包括大气、土壤、岩石、水、电及生物等自然环境要素。

2）评价要素

对一个具体的环境,往往包括多个环境要素。在进行环境评价时,应根据评价的目的及条件,选择合适的环境要素,使评价结果能客观地反映评价区域的环境质量特征及规律。这些选定的环境要素也就是评价要素。仍以装备存放环境为例,虽然环境要素中包括土壤或岩石这些地面组分,但实际中并不关心地面对库房环境的影响,因为这不是主要矛盾。所以,虽然它们是环境要素,但并不一定是评价要素。也就是说,环境要素是客观存在的,评价要素是从环境要素中做出的主观选择。

3）评价参数

在确定综合评价的环境要素后,还应选择适当的评价参数。不同的环境要素在评价中可选择的参数也不一样。例如,大气环境要素评价参数多选择温度、湿度;电气环境要素多选择电压、电流、电阻等。

在选择评价参数时,应根据评价的目的和条件,考虑从以下四个方面进行选择。

（1）根据评价的对象和目的选择。对象不同,目的不同,关心的特征参数也就不同。例如,是武器还是弹药？是防热还是防潮？是防火还是防爆？是防洪还是防盗？等等。

（2）根据评价区域特点选择。例如,南方地区高温潮湿,北方地区温暖干燥,那么装备的防潮在北方基本不是问题,同样防静电问题在南方基本上也没有考虑的必要。

（3）选择标准的项目。当评价一个特定区域环境时,应尽量按照有关标准(如常见的国家军用标准)规定中的项目,这样不仅使评价有所规范,而且使得有关参数有标准可循,使评价的质量准确而有效。例如,对于装甲车辆湿热地区适应性评价,GJB 59.26—91《装甲车辆试验规程　湿热地区适应性试验总则》规定了试验的项目,应尽量根据标准中规定的确定试验项目和要求。因此,当进行这类环境的检查评价时,就应尽量根据标准中规定的项目进行相应的评价。

（4）无标准时的选择。若评价参数没有国家规定的标准,则可根据具体情况制定标准。但要把握两个原则:一是在评价区域内,所选择的评价参数能表达本地区环境受到的影响程度;二是所选择的评价参数在评价方法上能解决定量化问题,以便确定评价函数和确定权系数。举例来说,现在要制定标准来评价战场环境下弹药的防爆环境水平,就要规定弹药堆垛规模、野战仓库之间防爆间距,因为这些可以量化地反映防爆水平。简言之,制定的标准要能够定量地反映环境的价值及其质量水平。

3.7.2　环境评价基本方法

目前,国内外常用的环境评价方法很多,主要有专家评价法、综合指数评价法和主分量分析评价法等。

1. 专家评价法

专家评价法是比较通用的方法。顾名思义,它是将专家作为索取信息的对象,组织装备环境防护领域或多个领域的专家,运用专业方面的知识和经验对环境质量进行评价的一种方法。专家评价法对于某些难以定量化的因素是非常必要的,有时还可在缺乏足够的统计数据和原始资料的情况下，做出定性和定量的估计。

现代的专家评价法已形成一套组织专家并充分利用专家的创造性思维进行评价的方法。以较有代表性的德尔菲法为例，其工作程序是：确定评价主题→编制评价事件一览表→选择专家→环境预测和价值判断过程→结果的处理和表达。因为专家的打分直接决定最后的评价结果，所以专家组的组成是专家评价法的基础。专家一般选择在该领域从事10年以上技术工作的科学技术人员或专业干部，专家组的人数一般为10~50人，这是为了最大限度地保证公正、客观，尽量消除少数专家的局限性。

2. 综合指数评价法

现在环境评价常用的综合指数评价法主要有以下几种。

1）简单叠加法

简单叠加法认为系统环境水平是各种环境因子共同作用的结果，因而多种因素作用和影响必然大于其中任何一种因素的作用和影响。用所有评价参数的环境水平数值的总和，可以反映出环境的总体水平。故用分指数简单叠加来表示综合指数，即

$$PI = \sum_{i=1}^{n} \frac{C_i}{C_{oi}} \tag{3-12}$$

式中：C_i和C_{oi}分别代表环境因子的实测值和某级标准值。

2）算术平均值法

为了消除选用评价参数的项数对结果的影响，便于在用不同项数进行计算的情况下比较各要素的影响程度。该方法将分指数和除以评价参数的项数n，即

$$PI = \frac{1}{n}\sum_{i=1}^{n} \frac{C_i}{C_{oi}} \tag{3-13}$$

3）加权平均法

加权平均法的计算式为

$$PI = \sum_{i=1}^{n} W_i \frac{C_i}{C_{oi}} = \sum_{i=1}^{n} \frac{C_i}{C'_{oi}} \tag{3-14}$$

式中：$C'_{oi} = \frac{C_{oi}}{W_i}$，权值$W_i$的引入可以反映出不同环境因子对系统水平的不同作用。

4）平方和的平方根法

平方和的平方根法的计算式为

$$PI = \sqrt{\sum_{i=1}^{n} \left(\frac{C_i}{C_{oi}}\right)^2} \tag{3-15}$$

由式(3-15)可知，大于1的分指数越大，其平方越大；而小于1的分指数越大，其平方越小，故不仅突出最高的分指数，而且也顾及其余各大于1的分指数的影响。

5）均方根法

均方根法的计算式为

$$\mathrm{PI}=\sqrt{\frac{1}{n}\sum_{i=1}^{n}\frac{C_i}{C_{oi}}} \tag{3-16}$$

其计算值小于各分指数叠加总和。

6）最大值法

为了突出最大影响因素对环境的影响和作用，最大值法在计算式中含有评价参数中的最大分指数项。不过用这种方法求取的指数值小于最小影响因子的分指数。目前，已有很多种计算公式，内梅罗指数计算式是其中的一种，其计算式为

$$\mathrm{PI}=\sqrt{\left(\frac{C_i}{C_{oi}}\right)^2_{\text{最大}}+\left(\frac{C_i}{C_{oi}}\right)^2_{\text{平均}}} \tag{3-17}$$

7）混合加权模式法

混合加权模式法的计算式为

$$\mathrm{PI}=\sum{}_1 W_{i1}I_i+\sum{}_2 W_{i2}I_i \tag{3-18}$$

式中：I_i为分指数；$\sum_1$为诸 $I_i>1$ 求和；$\sum_2$为一切 I_i求和；$W_{i1}=\dfrac{I_i}{\sum_1 I_i}$，$I_i>1$，$W_{i2}=\dfrac{I_i}{\sum_2 I_i}$，一切 I_i，并且$\sum_1 W_{i1}=1$，$\sum_2 W_{i2}=1$，W_{i1}和 W_{i2}组成权系数。

当各种环境因子的量值都不超过允许标准时，由式(3-17)计算出来的综合指数一定不超过允许标准；当有一个因子超过允许标准时，其综合指数也一定超过允许标准。

8）向量分析法

根据“希伯尔空间”理论，每种环境因子作为一个分量，因而 N 种环境因子就构成一个 N 维空间。由此，把 N 种环境因子所决定的系统水平看作由 N 种环境因子构成 N 维空间中的一个向量 $\boldsymbol{A}$，而每种环境因素是一个分量 A_i，其综合指数就是向量 $\boldsymbol{A}$ 的“模”值，即

$$\mathrm{PI}=|\boldsymbol{A}|=\sqrt{|A_1|^2+|A_2|^2+\cdots+|A_n|^2} \tag{3-19}$$

式中：$|A_i|=\dfrac{C_i}{L_i}(i=1,2,\cdots,n)$为第 i 种环境因子的分指数；L_i为某种用途下第 i 种环境因子的最高允许值。

3. 主分量分析评价法

将主分量分析评价法用于环境评价时，为了体现不同评价参数在综合评价中的不同作用，在进行主分量分析之前，首先用分指数公式将各参数（变量）的测试数据标准化。然后，对参数的标准化数据矩阵进行主分量分析，计算其特征值和特征向量，并确定公共因子数目和因子荷载。最后将 n 个变量线性综合成一个度量环境水平的综合指标。主分量分析评价法用于环境质量评价的步骤如下：

1）数据标准化处理

不同的参数具有不同的量纲和尺度，而主分量分析评价法依赖于初始变量所用的尺度。因此，有必要将初始变量数值标准化，使所有的初始变量都有可比较的尺度。为此，用分指数公式将参数数据标准化为

$$x_{ij}=\bar{C}_{ij}/S_j(i=1,2,\cdots,m;j=1,2,\cdots,n) \tag{3-20}$$

式中：x_{ij}为第 i 个样本第 j 种参数的标准化值；$\bar{C}_{ij}$为第 i 个样本第 j 种参数的 N 个点位实际值的平均值；S_j 为第 j 种参数的最高允许值；m 为样本个数；n 为参数总数。

2）主分量分析法

根据上述对 m 个样本的 n 个参数的数据进行标准化处理，构成一个标准化数据矩阵：

$$\boldsymbol{X}=\begin{bmatrix} x_{11} & x_{12} & \cdots & x_{1m} \\ x_{21} & x_{22} & \cdots & x_{2m} \\ \vdots & \vdots & & \vdots \\ x_{n1} & x_{n2} & \cdots & x_{mn} \end{bmatrix} \tag{3-21}$$

式中：m 为样本数；n 为参数个数。

首先求 $\boldsymbol{X}$ 的协方差阵，它是一个实对称方阵，即

$$\boldsymbol{C}=\frac{1}{n}\boldsymbol{X}\boldsymbol{X}^{\mathrm{T}} \tag{3-22}$$

式中：$\boldsymbol{X}^{\mathrm{T}}$ 表示 $\boldsymbol{X}$ 的转置矩阵。用雅可比方法求协方差阵 $\boldsymbol{C}$ 的特征值 $\lambda_i(i=1,2,\cdots,n)$及相应的特征向量 $\boldsymbol{v}^{(i)}(i=1,2,\cdots,n)$。由特征向量 $\boldsymbol{v}^{(i)}$ 可组成正交方阵 $\boldsymbol{V}$，对 $\boldsymbol{X}$ 作变换：

$$\boldsymbol{y}=\boldsymbol{V}\boldsymbol{X} \tag{3-23}$$

使新变量 $y_1,y_2,\cdots,y_n$互不相关。

特征值 λ_i就是新变量 y_i的方差。将 n 个特征值按大小顺序排列 $\lambda_1\geqslant\lambda_2\geqslant\cdots\geqslant\lambda_n$，其对应的 n 个特征向量组成 n 个新变量。

方差大的新变量对模型的贡献大，方差小的变量对模型贡献小。新变量 y_1，y_2，…分别称为第一主分量，第二主分量，……，前面少数几个主分量构成了样本间的最大变异：

$$\begin{cases} y_1=v_1^{(1)}x_1+v_2^{(1)}x_2+\cdots+v_n^{(1)}x_n \\ y_2=v_1^{(2)}x_1+v_2^{(2)}x_2+\cdots+v_n^{(2)}x_n \\ \qquad\vdots \\ y_n=v_1^{(n)}x_1+v_2^{(n)}x_2+\cdots+v_n^{(n)}x_n \end{cases} \tag{3-24}$$

前 p 个主分量 $y_1,y_2,\cdots,y_p(p<n)$的方差占总体方差的比例为

$$\rho=\sum_{i=1}^{p}\lambda_i/\sum_{i=1}^{n}\lambda_i \tag{3-25}$$

当 $\rho \geqslant 0.7$ 时,即可选用前 p 个主分量代替原来 n 个变量,并且基本上保留了原来 n 个变量所包含的信息。这前 p 个主分量称为公共因子。多数情况下,取前两个主分量 y_1 和 y_2 作为公共因子也能满足要求。N 个变量在第 i 个公共因子上的载荷向量为

$$\boldsymbol{\alpha}_i = \sqrt{\lambda_i}\boldsymbol{v}^{(i)} = \sqrt{\lambda_i}\begin{bmatrix} v_1^{(i)} \\ v_2^{(i)} \\ \vdots \\ v_n^{(i)} \end{bmatrix}(i = 1,2,\cdots,n) \tag{3-26}$$

第 j 个变量在全部 p 个公共因子上荷载的平方和称为变量的公共性,即

$$h_j^2 = \sum_{i=1}^{p} a_{ij}^2 \ (j = 1,2,\cdots,n) \tag{3-27}$$

从而有

$$h_j = \sum_{i=1}^{p} a_{ij}^2 \tag{3-28}$$

它的大小反映了变量 j 在公共性部分的作用或重要性程度。比较 n 个变量的公共性,可知哪一个变量在公共性方面起的作用大。所以,可以把每个变量的公共性的方根 h_j 作为该变量的权重,构成一个度量环境水平的综合指标:

$$Y = \sum_{j=1}^{n} h_j x_j \tag{3-29}$$

式中:x_j 为用分指数表示的某样本的第 j 种参数的标准化值;h_j 为第 j 种参数的权重。

据此可以计算样本水平的综合指标值,并可按指标值的大小进行环境评价。

3.7.3　环境因子赋权

在环境评价中,因子的权值是指某个因子在所有评价因子中所占的比重。评价因子中权重的分配直接影响评价的结果。环境评价中往往涉及多次赋权:第一次赋权是单个影响要素评价时对环境因子的赋权;第二次赋权是系统环境综合评价时各环境因子的赋权,其中以第一次赋权最为重要。权重的确定过程,本质上是客观的,但又允许有一定的人为技巧。其客观性就是深入研究标志环境因子在系统中的环境水平及对系统环境的影响。特别是要加强对环境因子之间综合作用的研究,其主观性就是运用近代数学工具,如线性代数、概率论、模糊数学、灰色系统等进行数学解析。

1. 传统权重确定方法

权重的确定方法很多。下述赋权方法都是以 n 个评价因子、m 个监测点(或专家)组成的 $n \times m$ 样本为对象,且所有因子的权重之和为 1,即

$$\sum_{i=1}^{n} W_i = 1 \tag{3-30}$$

1）以专家咨询值为判定依据的赋权方法

该方法是以定性判断开始，通过座谈、通信方式，向有关专家、领导等咨询评价因子的权重分配，然后进行数学解析，以确定权重。根据数学解析方法的不同，又有以下三种类型。

（1）统计分析法。统计分析法是采用德尔菲调查程序，通过连续几轮的咨询，最终得到各位专家的赋权方案，然后进行统计分析，得到各评价因子的权重。

若 a_{ij}表示第 i 个参评因子由第 j 位专家所给的权重咨询值，且 $\sum_{i=1}^{n} a_{ij} = 1$，则 i 因子的权重公式为

$$\overline{a_i} = \frac{1}{m}\sum_{j=1}^{m} a_{ij}, W_i = \overline{a_i} / \sum_{i=1}^{n} \overline{a_i} \tag{3-31}$$

（2）层次分析法。层次分析法确定权重的原理是借用层次分析决策（AHP）的层次结构模型中的任一层次上各因子两两比较，构造比较判断矩阵，然后求解得到权重。

首先，根据重要性比较标度，将各评价因子进行两两比较，并赋予相应的重要性值（由专家咨询值确定），以此为基础构造判断矩阵 $\boldsymbol{A}$：

$$\boldsymbol{A} = \begin{bmatrix} b_{11} & b_{12} & \cdots & b_{1n} \\ b_{21} & b_{22} & \cdots & b_{2n} \\ \vdots & \vdots & & \vdots \\ b_{n1} & b_{n2} & \cdots & b_{nn} \end{bmatrix} \tag{3-32}$$

矩阵 $\boldsymbol{A}$ 中，$b_{ii} = 1$，且 $b_{ij} = 1/b_{ji}$，$b_{ij} \in \left[\frac{1}{J}, J\right]$，$J$ 为整数，且 $1 \leqslant J \leqslant 9$，则各因子的权重为

$$W_i = \left(\prod_{j=1}^{n} b_{ij}\right)^{\frac{1}{n}} / \sum_{i=1}^{n} \left(\prod_{j=1}^{n} b_{ij}\right)^{\frac{1}{n}} \tag{3-33}$$

层次分析法赋权需通过计算矩阵 $\boldsymbol{A}$ 的最大特征根 λ_{max}来进行一致性检验。若检验结果不满意，则需重新确定判断矩阵 $\boldsymbol{A}$，直至满意为止。

（3）灰色关联法。灰色关联法利用灰色系统原理，通过样本曲线间的相似相异的几何形状来定量研究两个样本间的关联程度，以此确定评价样本的权重。

以 i 因子的专家咨询值作为比较数列 X_i，所有权值中的最大者 $a_0 = \max(a_{ij})$ 构造参考数列 X_0（数列项数与 X_i相同，都为 m），即

$$X_i = \{a_{i1}, a_{i2}, \cdots, a_{im}\}, X_0 = \{a_{01}, a_{02}, \cdots, a_{0m}\} \tag{3-34}$$

差数列：

$$\Delta_{oi}(K) = |X_0(K) - X_i(K)|$$

关联系数：

$$\xi_{oi}(K)=\frac{\Delta_i(\min)+\rho\Delta_i(\max)}{\Delta_i(K)+\rho\Delta_i(\max)},\rho\in(0,1) \tag{3-35}$$

关联度：

$$r_{oi}=\frac{1}{m}\sum_{k=1}^{m}\xi_{oi}(K) \tag{3-36}$$

权重：

$$W_i=r_{oi}/\sum_{i=1}^{n}r_{oi} \tag{3-37}$$

2）以因子标准值为判定依据的赋权方法

标准是评价的尺度，任何环境因子，只有当其被赋予一定的标准时，系统环境评价才有意义。单纯以环境因子分级标准可以确定该环境因子的权重，有以下两种类型。

（1）简单赋权法。若某因子的标准值为 S_i，则其相应的权重为

$$W_i=(1/S_i)/\sum_{i=1}^{n}(1/S_i) \tag{3-38}$$

如果环境因子的环境分级体系有 m 个级别，那么应用简单赋权法就有相应的 m 个权重向量。

（2）阈域赋权法。阈域赋权法是根据系统环境评定标准中因子在各级别间的平均相对差值的大小来赋权的。其依据是，若因子的各级标准间差值较大，则表明该因子只有增加一个较大的值才能引起总体环境水平的一个档次的变化，说明该指标环境性较好，故而权值也应较小，反之则大。其公式为

$$\begin{cases}f_i=\dfrac{1}{m-1}\left[\sum\limits_{j=1}^{m-1}(S_{i,j+1}-S_{ij})\right]\\W_i=(1/f_i)/\sum\limits_{i=1}^{n}(1/f_i)\end{cases} \tag{3-39}$$

式中：S_{ij}为因子 i 的第 j 级标准值；$j\in m$，m 为级别数；f_i实质为因子 i 的各级标准间平均差值。

3）以因子实测值为判定依据的赋权方法

假设评价因子数为 n，监测点数为 m，各点的监测值为 C_{ij}，以此为样本便可确定因子的权重，有以下两种类型。

（1）熵赋权法。熵赋权法是利用样本中熵变的原理对因子赋权，其公式为

$$f_{ij}=C_{ij}/\sum_{j=1}^{m}C_{ij},u_i=-\sum_{j=1}^{m}f_{ij}\log_2 f_{ij} \tag{3-40}$$

$$W_i=u_i/\sum_{i=1}^{n}u_i \tag{3-41}$$

（2）主分量分析法。主分量分析法是一种多元统计分析法。其步骤如下：

① 对各因子进行相关分析，确定相关系数矩阵 $\boldsymbol{R}$（又称协方差矩阵）。

② 计算矩阵 $\boldsymbol{R}$ 的特征值和特征向量，即通过正交变换将矩阵化为对角阵，对角阵中的对角元素即为所求特征值，按其大小排列，分别称为第一、二特征值（$\lambda_1 \geqslant \lambda_2 \geqslant \cdots \geqslant \lambda_n$）。

③ 由特征值按雅可比程序计算相应的特征向量。

④ 计算主分量累积方差贡献率 $G(r) = \sum_{i=1}^{r} \lambda_i / \sum_{i=1}^{n} \lambda_i$，以确定 $G(r) \geqslant 85\%$ 的主分量数。

⑤ 计算主分量中载荷系数（即特征值的方根与相应的特征向量的乘积）。

⑥ 将主分量中载荷系数归一化，即得各参评因子的权重。

4）以因子实测值与标准值为双重判定依据的赋权方法

（1）环境贡献率法。环境贡献率法又称超标倍数法或指数赋权法，即根据各环境因子的分指数来确定权重。其公式为

$$I_i = C_i / S_i, W_i = I_i / \sum_{i=1}^{n} I_i \tag{3-42}$$

式中：C_i 为因子 i 的监测值；S_i 为因子 i 的某一级标准值。

（2）环境分担率法。环境分担率法以多点的监测数据为基础，考虑了实际应用背景状况后，再对各因子进行赋权。其公式为

$$I_{ij} = (C_{ij} - B_i) / S_i, u_i = \sum_{j=1}^{m} I_{ij}, W_i = u_i / \sum_{i=1}^{n} u_i \tag{3-43}$$

式中：C_{ij} 为环境因子 i 的实测值；S_i 为环境因子 i 的标准值；B_i 为环境因子 i 的背景值。

（3）统计概率法。统计概率法是假定环境因子的实测值在时间和空间范围内的变化近似于正态分布，然后按统计概率求得权重。其公式为

$$\overline{C_i} = \frac{1}{m} \sum_{j=1}^{m} C_{ij}, \sigma_i = \sqrt{\frac{1}{m-1} \sum_{j=1}^{m} (C_{ij} - \overline{C_i})^2} \tag{3-44}$$

$$u_i = \sigma_i / |S_i - \overline{C_i}|, u_i = \sum_{j=1}^{m} I_{ij}, W_i = u_i / \sum_{i=1}^{n} u_i \tag{3-45}$$

式中：$\overline{C_i}$ 为因子 i 的平均监测值；σ_i 为因子 i 的标准差；u_i 为因子 i 的统计概率值。

（4）因子序列综合法。因子序列综合法又称因子序列生成法，它首先选取能够判别各环境因子对系统环境影响程度的对比因子（生成因子），如超标率、最高超标值等，分别称为生成因子 $1,2,\cdots,t$；然后将评价因子在各生成因子中进行大小排序，并赋予相应的序列值 $X_{ij}, X_{ij} \in [1,n]$；最后将各因子的序列值之和归一化，即为该因子的权重，其公式为

$$u_i = \sum_{j=1}^{t} X_{ij}, W_i = u_i / \sum_{i=1}^{n} u_i \tag{3-46}$$

因子序列生成法比较简单易行，可操作性较强，生成因子越多，权重的分配越能反映环境因子的真实状况。

2. 广义对比加权法

若环境因子的分指数已规范化为0~1之间的标度分指数，则因子赋权的原则总体上应是标度分指数越大的因子权值越大。但每种环境因子对系统环境的危害程度并不是简单的直线关系，而是呈S形曲线。因此，因子赋权时，标度分指数为0.5的因子权值不改变；标度分指数大于0.5，特别是接近于1的因子的权值要适当加以抑制；而标度分指数小于0.5，特别是接近于0的因子的权值要适当加以增强。满足上述原则的权值与分指数的关系应具有如下的广义对比算子形式：

$$W_j=\begin{cases}\alpha I_j^p & (0\leqslant I_j\leqslant 0.5)\\ 1-\alpha^p(1-I_j)^p & (0.5\leqslant I_j\leqslant 1)\end{cases} \tag{3-47}$$

式中：α 为待定常数；p 为控制权值变化快慢的可调参数，其取值范围为 $1>p>0$。

由前可知，当 $I_j=0.5$ 时，必须有 $\alpha I_j^p=1-\alpha^p(1-I_j)^p$，故 $\alpha=2^{p-1}$，从而得出对任意 $1>p>0$ 的常数，广义对比权值公式应为

$$W_j=\begin{cases}2^{p-1}I_j^p & (0\leqslant I_j\leqslant 0.5)\\ 1-2^{p-1}(1-I_j)^p & (0.5\leqslant I_j\leqslant 1)\end{cases} \tag{3-48}$$

当 p 变小时，中段分指数0.4~0.6的因子的权值随分指数变化较平缓；而高段分指数（>0.6）的因子权值随分指数变化受到较大减弱；低段分指数（<0.4）的因子权值随分指数变化受到较大增强。因此，可以通过改变 p 值的大小来控制权值随分指数的变化快慢。一般取 $p=1/2$，此时广义对比权值公式为

$$W_j=\begin{cases}\left(\dfrac{I_j}{2}\right)^{1/2} & (0\leqslant I_j\leqslant 0.5)\\ 1-\left(\dfrac{1-I_j}{2}\right)^{1/2} & (0.5\leqslant I_j\leqslant 1)\end{cases} \tag{3-49}$$

考虑到可能出现分指数 $I_j<0(C_{jk}<C_{j0})$ 和 $I_j>1(C_{jk}>C_{jd})$ 的情况，再定义扩展广义对比权值公式：

$$W_j=\begin{cases}\left[-\left(\dfrac{I_j}{2}\right)\right]^{1/2} & (I_j<0)\\ 1+\left(\dfrac{I_j-1}{2}\right)^{1/2} & (I_j>1)\end{cases} \tag{3-50}$$

3.7.4 典型装备环境评价方法

目前，国内外常使用的环境质量评价方法很多，无论什么方法，其最终目的都是按照一定的原则和方法，对环境质量的优劣程度进行定量描述。本节就一些环

境质量评价基本方法做一个简单介绍。这些评价方法本身没有优劣之分,应用时只是选择合适的。

1. 基于层次分析决策的环境评价

对装备环境质量的评价,往往遇到无法定量化的因素,即使运用先进的现代技术,也不一定有效。这就需要使用一种体现人们决策思维特征的方法。美国著名运筹学家 T. L. Saaty 教授创立的层次分析法(Analytic Hierarchy Process, AHP)本质上是一种决策思维方式,它具有人的思维分析、判断和综合的特征。由于 AHP 具有深刻的理论内容和简单的表现形式,并能统一处理决策中的定性与定量因素而被广泛用于许多领域。装备运用环境的分析与评价实际上是一个多因素综合决策过程,因而将 AHP 应用于环境评价不但可行,而且具有简单、有效、实用的特点。

1) 层次分析法的基本原理

(1) 递阶层次结构原理。把一个复杂系统中具有共同属性的因素组成系统的同一层次,不同类型的因素就形成了系统的不同层次;并且上一层次因素对它的下一层次的全部或部分因素起支配作用,形成按层次自上而下的逐层支配关系;其中单一的最高层因素就是被分析的复杂系统所要达到的目标,这就是系统的因素按性质分层排列的递阶层次结构原理。

人们决策思维中的分解与综合常常也具有递阶层次原则的特点,人们的逻辑判断也是在这种递阶层次结构中体现的。因此,递阶层次结构原理揭示了人们决策思维的一种规律。

(2) 标度原理。在建立了层次结构后,针对某一层次的某个因素(如某一问题、某一准则),将下一层次与之有关的因素(如各种不同条目、不同方案)通过两两比较,用评分的方法判断出它们相对的优劣或重要程度,将判断的结果构成一个判断矩阵。这种比较可以从最底层开始,单一的准则就是一个单一的要求。因此,对于某一准则来说,将两个因素进行对比总是能区分出优劣或重要程度的。

为了把判断矩阵中的每个因素定量化,Saaty 提出了“1~9”比较标度法。比较标度及其含义见表 3-2。

表 3-2 比较标度及其含义

标度	含义
1	两个因素同等重要
3	两个因素相比,一个比另一个稍微重要
5	两个因素相比,一个比另一个明显重要
7	两个因素相比,一个比另一个强烈重要
9	两个因素相比,一个比另一个极端重要
2,4,6,8	上述两相邻判断的中值
以上数值的倒数	因素 p_i 和 p_j 比较,得到判断矩阵的元素 b_{ij},则因素 p_j 与 p_i 比较的判断值 $b_{ji}=1/b_{ij}$

使用标度法时有两点要求:一是进行比较的因素具有相同的数量级;二是两个比较的因素的优劣程度尽可能用定量表示。这就是标度原理。

在客观事物中,当被比较的事物在所考虑的某属性方面具有相同或很接近的数量级时,为了区分它们的属性,可以做出相同、较强、强、很强、极强五个判断以及介于这些判断之间的四个判断共九个级别的比较。而“1 ~ 9”比较标度法正符合这个判断规律。

当然,如果需要比“1 ~ 9”标度更大的数,可用层次分析法将因素进行分类,在比较这些因素之前,首先比较这些类。这就可使所比较的因素之间质的差异仍保持在“1 ~ 9”标度之间。因此,“1 ~ 9”比较标度法是较理想的把思维判断定量化的一种行之有效的方法。

(3) 排序原理。判断矩阵是就上一层次某一因素而言的下一层次有关因素两两相比的评分数据。而层次单排序是根据判断矩阵计算下一层次有关因素的优劣或重要程度的数值,然后根据这些数值对有关因素进行优劣排序。因素的优劣数值是通过求判断矩阵 $\boldsymbol{B}$ 的最大特征值 λ_{max} 所对应的特征向量 $\boldsymbol{W}$,即满足 $\boldsymbol{BW}=\lambda_{max}\boldsymbol{W}$ 的向量 $\boldsymbol{W}$ 而得到的,$\boldsymbol{W}$ 的分量值就是相应因素的优劣数值。

判断矩阵是建立在两两比较进行评分的基础上的。如果两两比较具有客观上的一致性,那么判断矩阵的元素应满足 $b_{ij}=b_{ik}/b_{jk}(i,j,k=1,2,\cdots,n)$,即所谓判断矩阵具有完全一致性。但事实上,由于客观事物的复杂性和人们认识的片面性,在进行两两比较评分时,所做出的判断矩阵一般不具备完全一致性。对此,必须提出要求:一个判断矩阵虽然不满足 $b_{ij}=b_{ik}/b_{jk}$,但不能有太大的偏离;否则,由此而得出因素的优劣数值排序就会有逻辑上的矛盾。

通过数学证明,具有完全一致性的 n 阶判断矩阵具有性质:$\lambda_{max}=n$,其余的特征全为零。而当判断矩阵的完全一致性稍有破坏时,可利用 λ_{max} 与 n 的数值差作为一致性检验的尺度。

2) 层次分析法的基本步骤

应用层次分析法解决问题,一般包括以下五个步骤。

(1) 建立问题的递阶层次结构。首先,根据对问题的了解和初步分析,把复杂问题按特定的目标、准则和约束等分解成因素的各个组成部分,把这些因素按属性的不同分层排列。同一层次的因素对下一层次的某些因素起支配作用,同时它又受上一层次因素的支配,形成一个自上而下的递阶层次。最简单的递阶层次分为三层:最上面为系统的目标层,一般只有一个要素;中间是准则层,排列了衡量是否达到目标的各项准则,根据需要还可以有子准则层;最底层是方案层,表示所选取的解决问题的各方案、策略等,如图 3 – 16 所示。

(2) 构造判断矩阵。针对上一层次某因素,对本层次有关因素就相对重要性进行两两比较。这种比较通过引入适当的标度,用数值表示出来,写成判断矩阵。先从最底层开始,如针对准则 c_k,对 $p_1,p_2,\cdots,p_n$ 个方案进行两两优劣性评比。评比结果构成下列形式的判断矩阵。

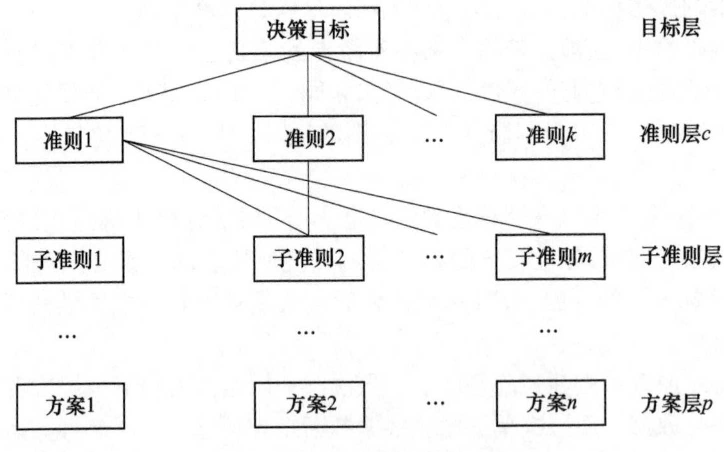

图 3-16 递阶层次结构示意

准则 c_k	p_1	p_2	…	p_n
p_1	b_{11}	b_{12}	…	b_{1n}
p_2	b_{21}	b_{22}	…	b_{2n}
⋮	⋮	⋮		⋮
p_n	b_{n1}	b_{n2}	…	b_{nn}

为使判断矩阵中每个因素定量化，可采用“1～9”比较标度法，标度含义见表 3-2。从表中标度的规定可知，对于判断矩阵的元素 b_{ij}，显然有性质：$b_{ij}>0$，$b_{ii}=1$，$b_{ji}=1/b_{ij}$。

（3）判断矩阵的一致性检验。在用判断矩阵进行层次单排序之前，应对判断矩阵进行一致性检验。其步骤如下：

首先计算判断矩阵的最大特征值 $\lambda_{\max}$；再按一致性指标 C. I. $=(\lambda_{\max}-n)/(n-1)$ 计算；然后根据表 3-3 确定平均一致性指标 R. I.；最后按随机一致性比值 C. R. = C. I. /R. I. 计算。

表 3-3 平均一致性指标

n	1	2	3	4	5	6	7	8	9
R. I.	0	0	0.58	0.90	1.12	1.24	1.32	1.41	1.45

对于 1、2 阶判断矩阵，C. R. 规定为零。一般情况下，当 C. I. ≤0.1 时，认为判断矩阵有满意的一致性，可以进行层次单排序；当 C. I. >0.1 时，认为判断矩阵的一致性偏差太大，需要对判断矩阵进行调整，直到使其满足 C. I. ≤0.1 为止。只有对问题中的所有判断矩阵的一致性检验都合格后，通过层次单排序得到的结论才是合理有效的。

(4) 层次单排序。层次单排序是把本层次所有因素针对上层次某因素通过判断矩阵计算排出优劣顺序。这实际上就是求出最大特征值所对应的特征向量 $\boldsymbol{W}(\boldsymbol{BW}=\lambda_{\max}\boldsymbol{W})$ 的分量值,但分量值必须经过归一化处理。判断矩阵是一类特殊矩阵,且这类计算对精度的要求不高,因此可采用求和法或方根法进行简便计算。

(5) 层次总排序。利用层次单排序的结果,综合得出本层次各因素对更上一层次的优劣顺序,最终得到最底层(方案层)对于最顶层(目标层)的优劣顺序,这就是层次总排序。例如,层次 c 对层次 a 来说,单排序已完毕,其优劣顺序为 $c_1,c_2,\cdots,c_m$,而层次 p 对层次 c 各因素单排序结果数值分别为 $\omega_1^1,\omega_2^1,\cdots,\omega_n^1;\omega_1^2,\omega_2^2,\cdots,\omega_n^2;\cdots;\omega_1^m,\omega_2^m,\cdots,\omega_n^m$,则层次 p 对层次 a 的总排序数值由 $\omega_1=\sum\limits_{j=1}^{m}a_j\omega_1^j,\omega_2=\sum\limits_{j=1}^{m}a_j\omega_2^j,\cdots,\omega_n=\sum\limits_{j=1}^{m}a_j\omega_n^j$ 确定。

3) 层次分析决策的研究进展

近年来,不少学者在研究层次分析法的理论和推广,其在各类问题的应用方面做了大量工作。例如,“等距分级,等比赋值”的指数标度法的提出,解决了“1～9”标度给判断矩阵带来的不一致性,使排序数值具有明确的意义,并能方便灵活地调整,使它满足层次分析法排序原理的要求。再如,利用最优化传递矩阵概念改进的层次分析法,可一次得到优劣数值,使之自然满足一致性要求,不需要进行一致性检验,从而避免了调整判断矩阵的盲目性。有的学者提出用三标度(0,1,2)数值来判断同一层次上各因素的相对重要程度,给出三标度的比较矩阵,然后选取其中某两个因素作为“基点”比较因素,给出所谓基点重要性程度的标度,最后以此基点为依据,构造数学变换式,将三标度比较矩阵转换为间接判断矩阵,从而使决策者易于接受和掌握,并保证所得到的判断矩阵具有足够满意的一致性。如果对上述三标度法的变换式中基点的相对重要性给出确切表达式,还可进一步减少判断的主观性。有的学者提出了构造定量因素判断法,给出了不同因素判断矩阵的构造方式及转换公式,开发了“混合因素群体层次分析法通用软件”,实践表明,这种方法对于解决大型群体层次分析法决策问题是有效和实用的。在决策过程中,由于人们所处的地位和经验不同,对各个事物的认识深度不可能完全一致,反映在决策者填写判断矩阵的某些因素(元素)时,可能没有把握。越是不一致的矩阵,决策者对某些因素的偏好越明显。对此可采用改进的梯度特征向量排序法。此外,还有将层次分析原理与聚类分析相结合、具有不等指标的聚类分析方法,将比较标度用模糊表示的模糊层次分析法等。

已有的研究结果表明,层次分析法的应用范围十分广泛,而且可以预料,随着对层次分析法理论的深入研究,它的应用范围必将进一步扩大。但无论从理论上还是从应用上看,层次分析法都没有达到理想的效果。在理论方面,诸如一致性检验的客观标准,特征值计算是否是排序的最好方法,判断是否考虑模糊性等问题,都没有获得满意的解决。在应用方面,也有其局限性。例如,它能用于从已知方案中优选,不能生成方案。此外,所得到的结果过多地依据决策者的偏好和主观判断。这些问题都有待于进一步研究解决。

2. 基于模糊集理论的环境评价

环境是一种由多因素组成的多相多元体系。环境评价的一个显著特点是研究对象的高度复杂性和综合性。尽管人们已建立了一些经典数学模型和评价方法,并且也给出了一些定量的描述,但是所有这些描述都是用确切的数学概念去描述本质上具有不确切的对象。因此,使用一定程度的模糊是不可避免的。基于模糊集理论的环境评价法就是应用模糊变换原理和模糊数学的基本理论——隶属度或隶属函数来描述中间过渡的模糊信息量,考虑与评价事物相关的各个因素,浮动地选择因素阈值,做比较合理的划分,再利用传统的数学方法进行处理,从而科学地得出评价结论。

1)模糊集理论基础

1965年,美国控制论专家查德(L. A. Zadeh)第一次提出了模糊集合的概念,标志着模糊数学的诞生。

(1)模糊子集的基本概念。对于给定论域 U(讨论范围)中任一元素 u(讨论对象),有 $u \in U$。按照普通集合的要求,在元素 u 与集合 A 之间,要么 $u \in A$,要么 $u \notin A$,二者必居且仅居其一。我们把 U 上以普通子集为外延(简称有明确概念)的概念称为确切概念。

① 模糊子集与隶属函数。现实生活中的绝大多数概念都不是确切概念,都不能要求每个对象对于是否符合它而做出完全肯定的回答。在符合与不符合之间,允许有中间状态,人们把这一类概念称为模糊概念。

打破普通集合论中元素与集合的绝对隶属关系,在"$u \in A$"与"$u \notin A$"之间,考虑其中间状况,提出"隶属程度"的思想。对于普通集合,U 的普通子集 A,由它的特征函数

$$A(u) = \begin{cases} 1 & (u \in A) \\ 0 & (u \notin A) \end{cases} \tag{3-51}$$

唯一确定。$A(u)$是定义在 U 上的一个实值函数。它的意义就是指明 u 对 A 的隶属程度。

给定论域 U,所谓指定了 U 上的一个模糊子集 A,是指对任意 $u \in U$,都有一个隶属程度 $\mu(0 \leqslant \mu \leqslant 1)$与之对应,称 μ 为 A 的隶属函数,记为

$$\mu = A(u) \tag{3-52}$$

② 置信水平。模糊子集是通过隶属函数来定义的,它本身没有明确的范围。如果一定要问其图像,则需要选其门限 λ,$0 \leqslant \lambda \leqslant 1$。当 $A(u) \geqslant \lambda$ 时,便算作 $u \in A$,否则便算作 $u \notin A$,这样得到一个普通子集,记为

$$A_\lambda = \{u : u \in U, A(u) \geqslant \lambda\} \tag{3-53}$$

A_λ 称为 A 有 λ 度图像，λ 为置信水平。

(2) 隶属原则与模型识别的直接方法。

设 $A_1, A_2, \cdots, A_n$ 是 U 中的 n 个模糊子集，u 是 U 中的一个元素，则隶属原则如下：

若有

$$A_i(u) = \max\{A_1(u), A_2(u), \cdots, A_n(u)\} \tag{3-54}$$

则认为 u 相对隶属于 A_i。

模型识别的直接方法：有 n 个模型，它们是论域 U 上的 n 个模糊子集，$u_0 \in U$ 为一具体被判别对象，按照隶属原则判别其所属模型。这种方法称为模型识别的直接方法。

(3) 贴近度。在模型识别问题中，被识别对象往往不是 U 中的一个确定元素，而是 U 中的一个子集。这时所涉及的不是元素对集合的隶属关系，而是两个模糊子集之间的贴近程度。设

$$A \bigcirc B = \bigvee_{u \in U}\{A(u) \wedge B(u)\} \tag{3-55}$$

$$A \odot B = \bigvee_{u \in U}\{A(u) \wedge B(u)\} \tag{3-56}$$

分别称为 A 与 B 的内积与外积。这里，$\vee$、$\wedge$ 分别表示取上、下确界。当 U 只包含有限个元素时，它们就是取最大值 $\vee = \max$ 与最小值 $\wedge = \min$。此时，记

$$(A, B) = [A \bigcirc B + (1 - A \odot B)]/2 \tag{3-57}$$

为 A 与 B 的贴近度。显然，两个模糊子集越接近，这两个模糊子集越相似。

(4) 模糊关系与聚类分析。对事物按一定要求进行分类的数学方法称为聚类分析，它有广泛的实际应用。现实的分类问题，多伴随着模糊性。从数学上讲，一个确切的分类，要由一个等价关系来确定。对应的一个模糊的分类，要由一个模糊等价关系来确定。

① 模糊关系。设 U 是因素甲的状态集，V 是因素乙的状态集。若要同时考虑甲、乙两个因素，则可能状态集是由 U 与 V 中任意搭配的元素对 (u, v) 所构成的。在数学上称它为 U 与 V 的笛卡儿乘积集，记为

$$U \times V = [(u, v): u \in U, v \in V] \tag{3-58}$$

$U \times V$ 是 U、V 的元素之间一种无约束的搭配。如果对这种搭配施加某种限制，这种限制便表现为 U 与 V 之间的某种特殊关系。

所谓从 U 到 V 的一个模糊关系 R，是指 $U \times V$ 的一个模糊子集。隶属程度 $R(u, v)$ 表示 u 与 v 具有关系 R 的程度。当 $U = V$ 时，R 成为 U 上的模糊二元关系；当 U 与 V 都是有限集合时，R 可用一矩阵表现。这样的矩阵（元素是介于0、1之间的实数）称为模糊矩阵，记作 $\boldsymbol{R}$。

② 模糊聚类分析。设 U 是需要被分类的对象的全体，建立 U 上的相似关系 R，$R(u, v)$ 表示 u 与 v 之间相似的程度。当 U 为有限集时，$\boldsymbol{R}$ 是一个矩阵，称为相似矩阵。

相似关系 R 一般来说只满足反身性和对称性，不满足传递性，因而不是模糊等价关系。当采用 R 的乘幂 $R^2, R^4, R^8, \cdots$，若在某一步有 $R^k = R^{2k} = R^*$，则 R^* 便是一个模糊等价关系，由它便可对 U 中的元素在任意水平 λ 上进行分类，得到聚类图。有了聚类图，需要分成几类就可从图上选取一适当的水平，得到所需要的分类。

2）模糊变换与综合评价

设 U、V 均为有限集：$U = \{u_1, u_2, \cdots, u_n\}$，$V = \{v_1, v_2, \cdots, v_n\}$；此时，$U$ 上的模糊子集 $\boldsymbol{A}$ 可表示为 n 维向量，记为

$$\boldsymbol{A} = a_1/u_1 + a_2/u_2 + \cdots + a_n/u_n \tag{3-59}$$

或 $\boldsymbol{A} = \{a_1, a_2, \cdots, a_n\}(0 \leqslant a_i \leqslant 1)$。

同样，V 上的模糊子集 $\boldsymbol{B}$ 也可记为

$$\boldsymbol{B} = \{b_1, b_2, \cdots, b_n\} \quad (0 \leqslant b_i \leqslant 1)$$

设 $\boldsymbol{R}$ 是从 U 到 V 的一个模糊关系，即

$$\boldsymbol{R} = \begin{bmatrix} r_{11} & r_{12} & \cdots & r_{1m} \\ r_{21} & r_{22} & \cdots & r_{2m} \\ \vdots & \vdots & & \vdots \\ r_{n1} & r_{n2} & \cdots & r_{nm} \end{bmatrix} \tag{3-60}$$

则根据矩阵的复合运算，由 $\boldsymbol{R}$ 确定了一个变换：任给 U 上模糊子集 $\boldsymbol{A}$，便可确定 V 上的一个模糊子集：

$$\boldsymbol{B} = \boldsymbol{A} \bigcirc \boldsymbol{R} \tag{3-61}$$

（1）综合评价的数学模型。

取 U 为着眼因素的集合，$U = \{U_1, U_2, \cdots, U_m\}$；取 V 为抉择评语的集合，$V = \{V_1, V_2, \cdots, V_n\}$。

首先对 U 中的单因素 $U_i(i = 1, 2, \cdots, m)$ 做单因素评价，从因素 U_i 着眼确定该事物对抉择等级 $V_j(j = 1, 2, \cdots, n)$ 的隶属度 r_{ij}，则得出第 i 个因素 U_i 的单因素评价集为

$$r_i = \{r_{i1}, r_{i2}, \cdots, r_{in}\}$$

它是抉择评语集合 V 上的模糊子集，则 m 个着眼因素的评价集就构造出一个总的评价矩阵 $\boldsymbol{R}$，反映了两集合 U、V 间所存在的某种约束模糊关系，其中，r_{ij} 表示因素 U_i 对抉择等级 V_j 的隶属程度。

对于被评价事物，由于从不同的因素着眼可以得到截然不同的结论，而且在诸多着眼因素 $U_i(i = 1, 2, \cdots, m)$ 中，对总评价的影响程度不一，存在着模糊择优因素。故评价的着眼点可看成着眼因素论域 U 上的模糊子集 $\boldsymbol{A}$，记作

$$\boldsymbol{A} = (a_1, a_2, \cdots, a_n) \tag{3-62}$$

式中：$a_i(0 \leqslant a_i \leqslant 1)$ 为 U_i 对 $\boldsymbol{A}$ 的隶属度，它是单因素 U_i 在总评价中影响程度的一种度量；$\boldsymbol{A}$ 为 U 的因素重要程度模糊集。

在确定了模糊矩阵 $\boldsymbol{R}$ 和模糊向量 $\boldsymbol{A}$ 时，则可用模糊变换来进行综合评价

$$B = A \bigcirc R = (b_1, b_2, \cdots, b_n) \tag{3-63}$$

（2）综合评价的逆问题。综合评价的正问题为 $\boldsymbol{A}$ 通过 $\boldsymbol{R}$ 的变换：

$$B = A \bigcirc R \tag{3-64}$$

给定单因素评价矩阵 $\boldsymbol{R}$，已知有一个综合评价 $\boldsymbol{B}$ 是很可靠的，各因素的权数分配只能从备择的权数分配方案中找出一个相对来说比较理想的方案。

设 $J = \{A_1, A_2, \cdots, A_s\}$ 为 U 上一组模糊子集（称为备择方案集），根据择近原则，若有 i 使

$$(A_i \bigcirc R, B) = \max_{1 \leqslant j \leqslant n} (A_j \bigcirc R, B) \tag{3-65}$$

则认为 $\boldsymbol{A}_i$ 是从 J 中找出来的因素的权数分配方案。

3. 基于灰色系统理论的环境评价

灰色系统理论是研究解决灰色系统建模、预测、决策和控制的理论，是20世纪80年代初期由我国学者邓聚龙提出的。他把自动控制科学和运筹学的数学方法结合起来，发展了一套解决信息不完备系统的理论和方法。由于环境系统具有多目标、多层次、多变量的特征，并且这些变量之间、各个变量与其周围环境之间都存在着错综复杂的物质、能量和信息交换。人们从外界获得的环境系统信息往往是不完全的，环境评价、环境预测和环境决策等问题都可以应用灰色系统的理论和方法加以解决。

1）灰色系统简介

（1）灰色系统理论思想。灰色系统的概念是黑箱概念的一种推广。从信息的观点来看，黑箱代表信息完全未知或信息不确定的系统；白箱是指信息完全确知的系统；灰箱则是指既含有已知信息，又含有未确定信息的系统，即灰色系统。

灰色系统理论认为：灰色性广泛存在于各种系统中，系统的随机性和模糊性只是灰色性的两个不同方面的不确定性，因而灰色系统理论能广泛应用于各个领域。灰色系统理论就是用已知的白化参数通过分析、建模、控制和优化等程序，将灰色问题淡化和白化。它主要研究灰色系统理论的建模思想、建模方法、关联分析、灰色预测、系统分析、灰色决策和控制等有关问题。

（2）关联分析。任何一个系统都包括许多因素，影响系统总行为的各因素中哪些影响大，哪些影响小，哪些主要，哪些次要，哪些显露，哪些隐蔽，这就是系统的因素分析。灰色系统理论也可以对不同系统的行为进行对比、分类、分析，以了解哪些系统行为比较接近，哪些差别较大，这称为系统的行为分析。

对于上述两种分析，灰色系统理论提出了关联分析方法。所谓关联分析，是根据系统各因素间或各系统行为间的数据列或指标列的发展态势与行为作相似或相异程度的比较，以判断因素的关联与行为的接近。抽象系统作关联分析时，关键是找抽象指标或抽象因素的映射量。通过定性研究，映射量一般都是可以找到的。关联分析的基本公式是关联系数公式定义如下。

设参考时间序列和比较时间序列分别为

$$X_0=\{x_0(t_1),x_0(t_2),\cdots,x_0(t_n)\};X_j=\{x_j(t_1),x_j(t_2),\cdots,x_j(t_n)\} \quad (3-66)$$

则 X_0 与 X_j 在 t_k 时刻的关联系数可表示为

$$x_{0j}(t_k)=\frac{\Delta_{\min}+\xi\Delta_{\max}}{\Delta_{0j}(t_k)+\xi\Delta_{\max}} \quad (3-67)$$

式中：$\xi\in[0,1]$为分辨系数，是一个事先取定的常数。

$$\Delta_{\min}=\min_j\min_k|x_0(t_k)-x_j(t_k)| \quad (k=1,2,\cdots,n) \quad (3-68)$$

$$\Delta_{\min}=\min_j\min_k|x_0(t_k)-x_j(t_k)| \quad (j=1,2,\cdots,m) \quad (3-69)$$

$$\Delta_{0j}(t_k)=|x_0(t_k)-x_j(t_k)| \quad (3-70)$$

关联系数是一个实数，它表示各时刻数据间的关联程度。它的时间平均值为

$$r_{0j}=\frac{1}{n}\sum_{k=1}^{n}x_{0j}(t_k) \quad (3-71)$$

称为 X_j 对 X_0 的关联度。

上述的关联分析法具有下述特点：①不追求大样本量（只要有三个以上数据就可以分析）；②不要求数据有特殊的分布，无论 X_0 和 X_j 的数据怎样随 t_k 改变，都可以计算；③只需做四则运算，计算量比回归分析小得多；④可以得到较多的信息，如关联序列、关联矩阵等；⑤这些关系是以趋势分析为原理的，即以定性分析为前提，因此不会出现与定性分析结果不一致的量化关系。

(3) 灰色系统建模。灰包系统建模思想是将原始信息数列通过一定的数学方法进行处理，将其转化为微分方程来描述系统的客观规律。灰色系统理论对数据的处理通常采用累加或累减生成方法，使无序数据列转化为有序数据列，使生成数据序列适宜微分方程建模。这种使系统信息由不确知到确知，由知之不多到知之甚多的过程，就是通常所说的使系统由"灰"变"白"。其信息处理和建模方法如下：

记 $X^{(0)}$ 为原始数据列：$X^{(0)}=\{x^{(0)}(1),x^{(0)}(2),\cdots,x^{(0)}(n)\}$。

记 $X^{(1)}$ 为一次累加生成数据列：$X^{(1)}=\{x^{(1)}(1),x^{(1)}(2),\cdots,x^{(1)}(n)\}$。

其累加生成规则为

$$x^{(1)}(k)=\sum_{j=1}^{k}x^{(0)}(j) \quad (3-72)$$

事实上，在许多系统中，通过累加生成，可使原始数据通过累加后的生成数据 $x^{(1)}(k)$ 有较明显的指数规律，适合于建立微分方程的动态模型。灰色系统理论建立的是微分方程的动态模型，其中 GM(1,N) 是 N 个变量的一阶灰色动态模型，其形式为

$$\frac{dx_1^{(1)}}{dt}+ax_1^{(1)}=b_1x_2^{(1)}+\cdots+b_{N-1}x_N^{(1)} \quad (3-73)$$

其中，最特殊也最常用的是单序列一阶线性动态 GM(1,1) 模型：

$$\frac{\mathrm{d}x^{(1)}}{\mathrm{d}t}+ax^{(1)}=u \tag{3-74}$$

式中：辨识参数 a、u 组成矩阵，并按最小二乘拟合确定：

$$\hat{\boldsymbol{a}}=\begin{bmatrix}a\\u\end{bmatrix}=(\boldsymbol{B}^{\mathrm{T}}\boldsymbol{B})^{-1}\boldsymbol{B}^{\mathrm{T}}\boldsymbol{Y}_N \tag{3-75}$$

式中：矩阵

$$\boldsymbol{B}=\begin{bmatrix}-\frac{1}{2}\{x^{(1)}(1)+x^{(1)}(2)\} & 1\\ -\frac{1}{2}\{x^{(1)}(2)+x^{(1)}(3)\} & 1\\ \vdots & \vdots\\ -\frac{1}{2}\{x^{(1)}(m-1)+x^{(1)}(m)\} & 1\end{bmatrix} \tag{3-76}$$

$$\boldsymbol{Y}_N=[x^{(0)}(2),x^{(0)}(3),\cdots,x^{(0)}(m)]^{\mathrm{T}} \tag{3-77}$$

式中：“-1”和“T”分别表示对矩阵求逆和转置；$x^{(1)}(k)$ 为由原始数据序列 $x^{(0)}$ 经累加生成得到的累加生成数据序列；$x^{(1)}(1)=x^{(0)}(1)$ 为初始值。

（4）灰色决策。

① 局势决策。所谓决策，是指综合考虑不同目标的效果，根据决策准则，选择一个合适的对策去应付某个事件的发生，以取得最佳效果。然而，在客观世界中，往往信息不全或信息中含有不甚明确的灰元，使决策困难，因而要用灰色决策。灰色决策是建立在 GM(1,1) 模型或其他灰色模型上的决策。灰色决策空间由事件、对策和效果组成。

② 灰色聚类。聚类分析是研究多要素（或多个变量）的客观分类方法。聚类原则是对不同个体（空间点或时间点）的某些相似性指标进行相似分析，相似的就归为一类。由于个体之间的相互关系是不明确的，因而在度量任何两个个体的相似程度时，常常具有灰色性，所以多数聚类属灰色聚类，其也是一种决策。所谓灰色聚类，就是区分聚类元素在聚类指标下的所属类型。

③ 灰色统计。一个决策过程，要收集各方面的各种指标信息和各种情况信息，许多信息都是分散的。因此，如何将分散的信息进行归纳统计，以及将灰色信息转为决策过程可利用的信息，这便是灰色统计法的任务。

2）灰色聚类环境评价模型

聚类分析是用数学方法定量地确定聚类对象间的亲疏关系并进行分类的一种多元分析方法。灰色聚类是普通聚类方法的一种推广，是在聚类分析方法中引进灰色理论的白化函数而形成的一种新的聚类方法。灰色聚类分析法步骤如下。

（1）确定聚类白化数。把聚类对象作为样本，把样本的量化性质作为样本指标。若有 m 个样本（监测点），每个样本各有 n 个指标（影响因子），且每个指标有 j 个灰类（环境质量分级），则由 m 个样本的 n 个指标的白化数构成矩阵为

$$\begin{bmatrix} c_{11} & c_{12} & \cdots & c_{1n} \\ c_{21} & c_{22} & \cdots & c_{2n} \\ \vdots & \vdots & & \vdots \\ c_{m1} & c_{m2} & \cdots & c_{mn} \end{bmatrix}$$

式中:c_{ki}为第 k 个聚类样本第 i 个聚类指标的白化数,$k \in (1,2,\cdots,m)$,$i \in (1,2,\cdots,n)$。

(2) 数据的标准化处理。为了对各样本指标进行综合分析和使聚类结果具有可比性,在灰色聚类过程中需要对白化数 c_{ki}和灰类进行无量纲化处理。

① 样本指标的白化数的标准化处理。对于聚类样本指标的原始白化数 c_{ki}的标准化处理值按下述公式计算:

$$d_{ki} = \frac{c_{ki}}{c_{0i}}, k \in (1,2,\cdots,m), i \in (1,2,\cdots,h) \tag{3-78}$$

式中:d_{ki}为第 k 个监测点第 i 个影响因子的标准化值;c_{ki}为第 k 个监测点第 i 个影响因子的实测值;c_{0i}为第 i 个影响因子的参考标准。

② 灰类的标准化处理。为使原始白化数与灰类之间能比较分析,仍用 c_{0i}进行无量纲化处理,即

$$r_{ij} = s_{ij}/c_{0i}, i \in (1,2,\cdots,n), j \in (1,2,\cdots,h) \tag{3-79}$$

式中:r_{ij}为第 i 个影响因子第 j 个灰类 s_{ij}的标准化处理值;s_{ij}为第 i 个影响因子第 j 个灰类值。

(3) 确定白化函数。白化函数反映聚类指标对灰类的亲疏关系。对于第 i 个影响因子第 j 个灰类,可以用白化函数曲线或关系式表达各个影响因子的白化数分别对第 j 个灰类的亲疏关系。第 i 个影响因子的灰类 1 的白化函数为

$$f_{i1}(x) = \begin{cases} 1 & (x \leqslant x_m) \\ \dfrac{x_h - x}{x_h - x_m} & (x_m < x < x_h) \\ 0 & (x \geqslant x_h) \end{cases} \tag{3-80}$$

第 i 个影响因子的灰类$(h-1)$的白化函数为

$$f_{i(h-1)}(x) = \begin{cases} 0 & (x \geqslant x_0) \\ \dfrac{x - x_0}{x_m - x_0} & (x_0 < x < x_m) \\ \dfrac{x_h - x}{x_h - x_m} & (x_m < x < x_h) \\ 1 & (x = x_m) \\ 0 & (x \geqslant x_h) \end{cases} \tag{3-81}$$

第 i 个影响因子的灰类 h 的白化函数为

$$f_{i1}(x)=\begin{cases}1 & (x\geqslant x_m)\\ \dfrac{x-x_0}{x_m-x_0} & (x_0<x<x_m)\\ 0 & (x\leqslant x_0)\end{cases} \tag{3-82}$$

（4）求聚类权。聚类权是衡量各个环境影响因子对同一灰类的权重。第 i 个影响因子第 j 个灰类的权值 w_{ij} 计算公式为

$$w_{ij}=\frac{r_{ij}}{\sum\limits_{i=1}^{n}r_{ij}},i\in(1,2,\cdots,n),j\in(1,2,\cdots,h) \tag{3-83}$$

式中：r_{ij} 为第 i 个影响因子第 j 个灰类的标准化处理值。

（5）求聚类系数。聚类系数反映了聚类监测点对灰类的亲疏程度。若有 m 个监测点，第 k 个监测点对 j 个灰类的聚类系数用 ε_{kj} 表示。其计算式如下：

$$\varepsilon_{ij}=\sum_{i=1}^{n}f_{ij}(d_{ki})w_{ij} \tag{3-84}$$

式中：ε_{ij} 为第 i 个监测点关于第 j 个灰类的聚类系数；$f_{ij}(d_{ki})$ 为第 k 个监测点第 i 个影响因子第 j 个灰类的白化系数；w_{ij} 为第 i 个影响因子的第 j 个灰类的权值。

（6）聚类。聚类是根据聚类系数的大小来判断监测点所属的类别。其方法是将每个监测点对各个灰类的聚类系数组成聚类行向量。在行向量中聚类系数最大所对应的灰类即是这个监测点所属的类别，把各个监测点同属的灰类进行归纳，便是灰色聚类结果。

除上述几种环境评价方法外，基于物元可拓集、人工神经网络、遗传算法、集对分析和粗集理论的环境评价也逐渐得到应用并具有较好的应用前景，在此不再赘述。

第4章　装甲车辆高原试验设计与方法

4.1　总体考虑

4.1.1　方案设计的考虑

高原环境试验按试验环境条件来源可分为自然环境试验、实验室环境试验和使用环境试验外,环境试验还可以有其他的分类方法。如何利用各种试验资源达到完成高原试验的目的,需充分了解不同分类的环境试验之间的关系以及应用时的考虑。

1. 根据环境适应性指标统筹各类环境试验

在装备定型时需要进行试验鉴定,这时需要根据装备的环境适应性指标充分考虑各种环境因素的特点和各类环境试验的组合,统筹自然环境试验、实验室环境试验和使用环境试验。

统筹各类环境试验的要求如下:

(1) 充分性:环境鉴定试验要覆盖全部环境条件及其效应,不产生漏项。

(2) 层次性:要根据环境对装备作用的机理,将产品不同层次上的环境试验结合起来。

(3) 经济性和非重复性:要避免重复试验,尽量利用历史数据、评估和虚拟试验等方式来减少试验量。

典型环境试验鉴定总方案制订过程如图4-1所示。

2. 考虑不同层次产品环境适应性试验之间的关系

按照产品的层次,环境试验还可以分为针对基础产品的材料、元器件和零部件的环境试验,以及针对具体产品的组件、大部件和单元、设备、系统和分系统的环境试验。不同层次产品的环境试验之间应符合金字塔式的关系。也就是说,越底层和基础性层次的产品,试验就应该越充分,并不断提高设计和工艺,为装备的环境适应性奠定坚实的基础。一般来说,针对基础产品的试验应由订货方认可的专业技术研究单位承担,可同时为多个型号提供基础性和共性的试验或者试验数据;产品层次较高的整机和系统少量的模拟试验主要是针对具体装备的,主要是发现装备在系统层次的环境适应性问题,系统层次的环境适应性问题不能通过底层的环境试验发现,通常这个层次的环境试验与具体装备密切相关;另外,由于时间、经费

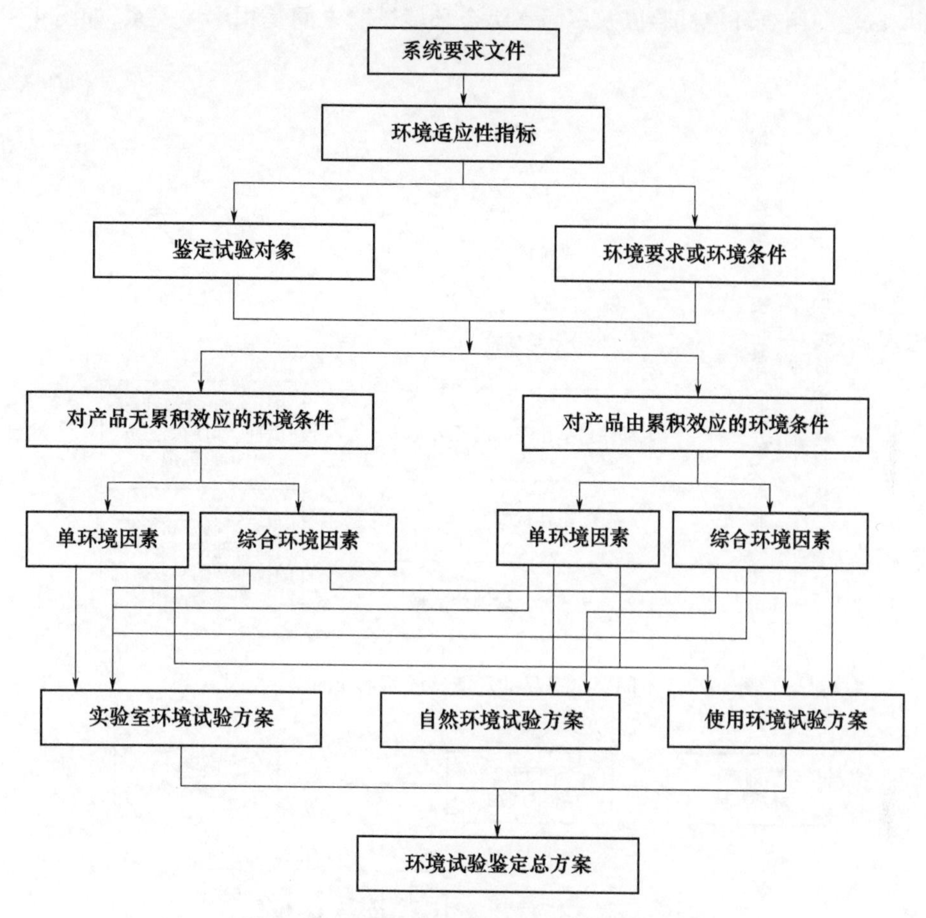

图4-1 典型环境试验鉴定总方案制订过程

和技术手段的限制，底层和基础性产品本身的环境适应性问题并不能完全通过较高层次、系统级的环境试验暴露出来，而要充分结合基础产品的环境试验或者基础产品的环境试验结果，才能较好地对装备环境适应性进行试验把关；否则会出现通过了标准规定的系统级的环境试验，装备在服役过程中依然会出现环境适应性问题。图4-2是不同层次产品的环境试验所形成的金字塔式关系。

3. 单因素环境试验、组合环境试验和多因素综合环境试验之间的关系

一般情况下，装备在全寿命期所遭受的环境并不是单一的环境因素所构成的，往往是环境因素按照一定顺序的组合，也存在多个环境因素共同存在施加在试样上的情况。所以按照试验所涉及环境因素的数量及其组合形式，环境试验还分为单因素环境试验、组合环境试验、多因素综合环境试验。单因素环境试验是指单纯控制某一个环境因素的环境试验；组合环境试验是指将几个单项的单因素环境试验按照一定顺序组合起来形成的环境试验；多因素综合环境试验是同时控制多个环境因素的变化，并把这些环境因素同时施加到试样上的环境试验。因此，单因素环境试验与组合环境试验以及多因素综合环境试验之间是积木块关系，如图4-3所示。

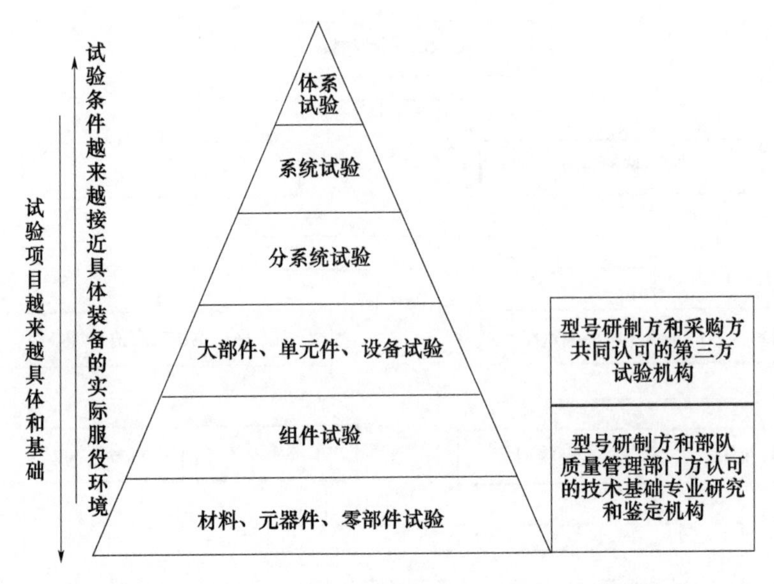

图4-2　不同层次产品的环境试验所形成的金字塔式关系

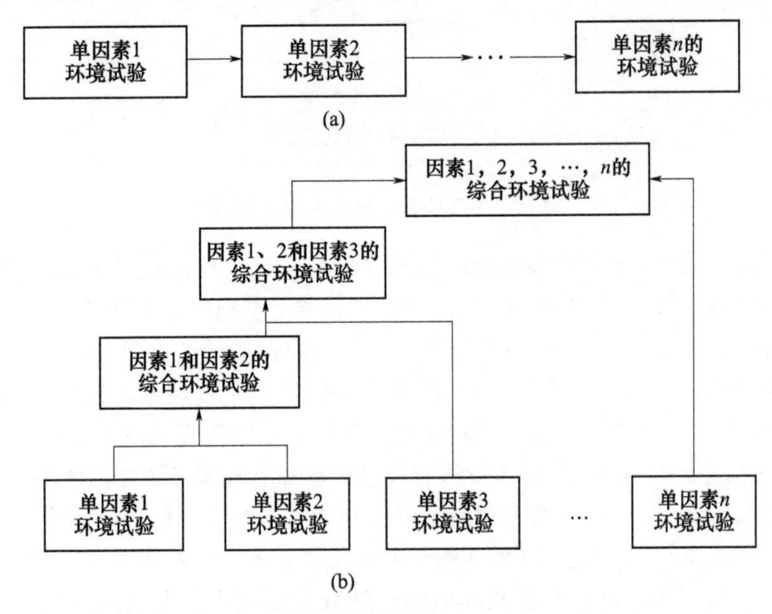

图4-3　单因素环境试验组合环境试验和多因素综合环境因素试验的积木块关系
(a)组合环境试验；(b)多因素综合环境试验。

在工程实践中，考虑到工程上的方便、经济上的可承受性以及技术上的可行性,大量的环境试验采用单因素环境试验,然后通过适当的组合来模拟环境因素的组合作用甚至是综合作用。通过这样安排试验方式,可以在很大程度上排除大部分的环境适应性问题。但是环境因素的有些特殊组合和综合会产生单因素环境试验难以模拟的环境损伤,这时进行必要的组合环境试验或者综合环境试验就十分必要,因此在安排环境试验时,要充分考虑环境因素的组合和综合的作用,对组合和综合环境试验做出安排。

4.1.2 整车试验的考虑

在进行装甲车辆整车高原试验之前,需要针对装备特点和单项试验要求进行试验设计,制订相应的试验方案。试验设计的主要内容有样本量、试验时间和地点、试验条件、试验方法和数据处理方法等。

1. 样本量

性能试验方案设计时,首先需要确定试验样本量。在科研阶段,性能试验主要目的是技术方案或原理验证,或进行可靠性摸底和强化试验,样本量一般为1~2个。对于整车状态鉴定性能试验,GJB 848—1990《装甲车辆设计定型试验规程》对不同类型的装甲车辆样本量做出了明确规定,新研型号车辆一般为2~3辆。多数部件和分系统每辆车上只装配一个,仅有很少部件装配多于一个,如座椅、通话装置。整车样本量确定后,在进行单项性能试验时,可选取其中一个或多个样本进行性能试验。对于关键性能试验,可选多个样本进行试验,在验证指标是否满足的同时,也可检验装备关键性能的一致性。其他性能试验可只选一个样本进行测试。

2. 试验时间和地点

装甲车辆在交接车后,试验组织单位将负责整车的所有性能试验,整车的试验大纲中已明确了各个阶段和地区的试验时间安排。各部件和分系统的性能试验需要穿插在整车可靠性行驶试验中进行,因此在编制整车试验方案时,应统筹考虑各项性能试验的时间安排。

一般而言,涉及整车关键战技性能指标的试验项目应安排在交接车后进行,以便于在试验前期验证关键性能。若关键战技性能达标,可继续后续试验,若关键战技性能未达标,也能在较短时间内发现问题,为问题整改和技术措施的充分验证留有足够的试验时间和验证里程。关键战技性能主要包括整车质量、最大速度、加速性能、热平衡、转向性能以及外形特征参数等。关键战技性能试验项目还应在整个试验的后期重复进行一次,以验证装甲车辆在试验后期的性能是否有明显下降。其他性能试验可根据试验进度统筹安排。

由于装甲车辆的全域作战要求,试验地点需要覆盖我国各地区的环境特点,包括中部常温地区、北方严寒地区、南方湿热地区以及西部高原地区。目前,我国在装备性能试验时采用串行试验流程,且试验样本量有限,不具备在每个典型地区进行全里程可靠性考核的条件,因此每个地区均分配一定比例的试验里程,试验时机为每个地区最典型的气候季节:北方严寒地区在12月和1月;南方湿热地区在7月和8月;西部高原地区为避免大雪封路对试验的影响,一般安排在6月至9月。除了严寒、湿热和高原地区环境适应性试验外,其余时间则安排在常温平原地区进行试验。

对部分自然环境条件未达到要求的试验项目,如低温起动性能试验等,可安排在实验室环境内进行。

3. 试验条件

装甲车辆的性能参数都是在一定试验条件下测得的,而不同的试验条件所测得的试验结果可能相差较大,因此性能试验设计时,需要对试验条件进行严格限定,这也是性能试验严谨性的要求。

试验条件主要包括环境条件、道路条件、被试品条件、仪器设备条件等。环境条件主要指试验时的温度、湿度、气压、风速等外部环境。道路条件主要指试验时车辆行驶的路面条件,包括铺面路、砂石路、起伏土路及沙漠路面,其特征参数有路面不平度、路面硬度、湿度等。被试品条件是指装甲车辆或被试部件、分系统等试验对象的技术状态,在试验前应保证被试品技术状态良好,以免影响试验结果。仪器设备条件指试验所用的仪器设备,要求其技术指标满足试验所需,且应在检定有效期内。

每个单项性能试验均应依据研制总要求中的指标,结合单项性能试验的特点,对各试验条件进行详细规定,以保证试验结果的客观性和可重复性。

4. 试验方法和数据处理方法

GJB 59系列试验规程是对几十年来装甲车辆性能试验积累的大量经验的总结,也是随着装备科技水平的不断进步而逐步完善起来的,为我军装甲车辆的鉴定和质量把关发挥了重要作用。GJB 59系列试验规程对各个单项性能试验的试验条件、试验内容、试验方法及数据处理方法等都做出了详细规定,可基本满足当前我国装甲车辆的状态鉴定性能试验内容。除此之外,个别没有涉及的性能试验可依据相应国标规定的方法执行。

4.2 高原试验内容

4.2.1 装甲车辆试验标准体系

装甲车辆试验的标准体系由通用标准、单项试验标准两个层次的标准构成,通常是以装甲车辆包括的系统或涉及的技术特征搭建试验标准体系架构。

通用标准主要包括GJB 848—1990《装甲车辆设计定型试验规程》、GJB 899A—2009《可靠性鉴定和验收试验》等系列标准。

单项试验标准主要包括对装甲车辆整车的各项性能进行的试验操作规程等,

如GJB 59.1—1985《装甲车辆试验规程加速特性、最大和最小稳定速度试验》、GJB 349.2—1987《常规兵器定型试验方法　枪械》、GJB 2423A—2009《榴弹发射器定型试验规程》等系列标准。

1. 通用标准

装甲车辆通用标准见表4－1。

表4－1　装甲车辆通用试验标准

序号	标准号	标准名称
1	GJB 848—1990	装甲车辆设计定型试验规程
2	GJB 899A—2009	可靠性鉴定和验收试验
3	GJB 282.1—1987	装甲车辆环境条件　工作环境温度
4	GJB 282.2—1987	装甲车辆环境条件　贮存环境温度
5	GJB 282.3—1991	装甲车辆环境条件　砂尘极值
6	GJB 282.4—1995	装甲车辆环境条件　工作和贮存环境湿度
7	GJB 1372—1992	装甲车辆通用规范
8	GJB 3086—1997	轮式装甲车辆通用规范

2. 单项试验标准

装甲车辆单项试验标准见表4－2。

表4－2　装甲车辆单项试验标准

序号	标准号	标准名称
1	GJB 59.1—1985	装甲车辆试验规程加速特性、最大和最小稳定速度试验
2	GJB 59.2—1986	装甲车辆试验规程　噪声测量
3	GJB 59.3—1987	装甲车辆试验规程　起动性能试验
4	GJB 59.4—1987	装甲车辆试验规程　车辆与地面相关的基本参数测定
5	GJB 59.5—1987	装甲车辆试验规程　电气设备性能试验
6	GJB 59.6—1987	装甲车辆试验规程　直线行驶偏驶量测定
7	GJB 59.7—1987	装甲车辆试验规程　重量分配与接地压力分布测定
8	GJB 59.8—1987	装甲车辆试验规程　潜渡性能试验
9	GJB 59.9—1987	装甲车辆试验规程　通过规定障碍试验
10	GJB 59.10—1987	装甲车辆试验规程　纵坡与侧坡通过性能试验
11	GJB 59.11—1987	装甲车辆试验规程　外部尺寸与几何特性参数测定
12	GJB 59.12—1987	装甲车辆试验规程　制动性能试验
13	GJB 59.13—1988	装甲车辆试验规程　转向性能试验
14	GJB 59.14—1988	装甲车辆试验规程　持续行驶性能试验
15	GJB 59.15—1988	装甲车辆试验规程　野外振动试验
16	GJB 59.16—1988	装甲车辆试验规程　发动机燃油、润滑油消耗量测定及最大行程计算
17	GJB 59.17—1988	装甲车辆试验规程　装甲板抗炮弹性能试验

续表

序号	标准号	标准名称
18	GJB 59.18—1988	装甲车辆试验规程　装甲板抗枪弹性能试验
19	GJB 59.19—1988	装甲车辆试验规程　三防装置性能试验
20	GJB 59.20—1988	装甲车辆试验规程　烟幕装置效应试验
21	GJB 59.21—1989	装甲车辆试验规程　冷冻试验
22	GJB 59.22—1989	装甲车辆试验规程　严寒地区适应性试验总则
23	GJB 59.23A—2004	装甲车辆试验规程　第23部分:故障统计与处理
24	GJB 59.24—1991	装甲车辆试验规程　试验环境气象参数测定
25	GJB 59.25—1991	装甲车辆试验规程　硬地拖钩牵引特性试验
26	GJB 59.26—1991	装甲车辆试验规程　湿热地区适应性试验总则
27	GJB 59.27—1991	装甲车辆试验规程　路面平度测量与表示方法
28	GJB 59.28—1991	装甲车辆试验规程　土参数测定
29	GJB 59.29—1991	装甲车辆试验规程　破甲弹穿透灭火抑爆试验
30	GJB 59.30—1991	装甲车辆试验规程　沙漠地区适应性试验总则
31	GJB 59.31—1991	装甲车辆试验规程　常用仪表、报警装置性能检验方法
32	GJB 59.32—1991	装甲车辆试验规程　射界测定
33	GJB 59.33—1991	装甲车辆试验规程　视界测定
34	GJB 59.34—1991	装甲车辆试验规程　水上静态参数测定
35	GJB 59.35—1991	装甲车辆试验规程　除霜性能试验
36	GJB 59.36—1991	装甲车辆试验规程　整车保温性能试验
37	GJB 59.37—1991	装甲车辆试验规程　乘员室载员室采暖性能试验
38	GJB 59.38—1991	装甲车辆试验规程　发动机加温性能试验
39	GJB 59.39—1991	装甲车辆试验规程　拖曳阻力测定
40	GJB 59.40—1992	装甲车辆试验规程　车辆发动机装车试验
41	GJB 59.41—1992	装甲车辆试验规程　首发命中概率测定
42	GJB 59.42—1992	装甲车辆试验规程　车辆技术状况检查
43	GJB 59.43—1992	装甲车辆试验规程　相互牵引能力试验
44	GJB 59.44—1992	装甲车辆试验规程　动力传动装置冷却试验
45	GJB 59.45—1992	装甲车辆试验规程　夜间行驶试验
46	GJB 59.46—1992	装甲车辆试验规程　车辆安全性评定
47	GJB 59.47—1992	装甲车辆试验规程　防滑装置试验
48	GJB 59.48—1992	装甲车辆试验规程　车辆分解鉴定
49	GJB 59.49—1992	装甲车辆试验规程　空气滤清器阻力测定
50	GJB 59.50—1992	装甲车辆试验规程　车内含尘量测定
51	GJB 59.51—1992	装甲车辆试验规程　零部件损坏与更换统计
52	GJB 59.52—1992	装甲车辆试验规程　使用保养说明书完善性评定
53	GJB 59.53—1992	装甲车辆试验规程　随车工具备品适用性评定

续表

序号	标准号	标准名称
54	GJB 59.54—1992	装甲车辆试验规程　质量和质心测定
55	GJB 59.55—1992	装甲车辆试验规程　自救能力试验
56	GJB 59.56—1995	装甲车辆试验规程　涉水性能试验
57	GJB 59.57—1995	装甲车辆试验规程　运输性试验
58	GJB 59.58—1995	装甲车辆试验规程　高原地区适应性试验总则
59	GJB 59.59—1995	装甲车辆试验规程　平均速度测定
60	GJB 59.60—1996	装甲车辆试验规程　反应装甲性能试验
61	GJB 59.61—1996	装甲车辆试验规程　操纵性能试验
62	GJB 59.62—1996	装甲车辆试验规程　耐久性试验
63	GJB 59.63—1996	装甲车辆试验规程　车内通风制冷性能试验
64	GJB 59.64—2000	装甲车辆试验规程　水上性能试验
65	GJB 59.65—2002	装甲车辆试验规程　武器系统静态参数测定
66	GJB 59.66—2002	装甲车辆试验规程　武器系统动态参数测定
67	GJB 59.67—2004	装甲车辆试验规程　第67部分:海上适应性试验
68	GJB 59.68—2004	装甲车辆试验规程　第68部分:油料运输与加注能力试验
69	GJB 59.69—2004	装甲车辆试验规程　第69部分:起吊作业试验
70	GJB 59.70—2004	装甲车辆试验规程　第70部分:淋雨试验
71	GJB 59.71—2004	装甲车辆试验规程　第71部分:两栖装甲车辆水上射击试验
72	GJB 59.72—2004	装甲车辆试验规程　第72部分:武器系统与底盘匹配性试验
73	GJB 59.73—2004	装甲车辆试验规程　第73部分:安全轮胎性能试验
74	GJB 59.74—2004	装甲车辆试验规程　第74部分:暴晒试验
75	GJB 59.75—2007	装甲车辆试验规程　第75部分:导航定位设备性能试验
76	GJB 59.76—2008	装甲车辆试验规程　第76部分:武器系统持续工作能力试验
77	GJB 59.77—2008	装甲车辆试验规程　第77部分:绞盘装置性能试验
78	GJB 59.78—2011	装甲车辆试验规程　第78部分:综合电子信息系统试验
79	GJB 59.79—2011	装甲车辆试验规程　第79部分:侦察与监视性能试验
80	GJB 59.80—2011	装甲车辆试验规程　第80部分:营连指挥车指控通信系统试验
81	GJB 59.81—2011	装甲车辆试验规程　第81部分:车内通信性能试验
82	GJB 59.82—2011	装甲车辆试验规程　第82部分:乘员对噪声的防护要求试验
83	GJB 59.83—2011	装甲车辆试验规程　第83部分:乘员持续工作能力试验
84	GJB 59.84—2011	装甲车辆试验规程　第84部分:冲击和振动限值试验
85	GJB 59.85—2011	装甲车辆试验规程　第85部分:压制观瞄系统试验
86	GJB 59.86—2011	装甲车辆试验规程　第86部分:敌我识别系统试验
87	GJB 59.87—2011	装甲车辆试验规程　第87部分:激光告警系统试验
88	GJB 59.88—2011	装甲车辆试验规程　第88部分:炮射导弹武器系统性能试验
89	GJB 59.89—2011	装甲车辆试验规程　第89部分:车内有害气体测定
90	GJB 59.90—2012	装甲车辆试验规程　第90部分:指控通信系统任务可靠度试验

续表

序号	标准号	标准名称
91	GJB 59. 91—2012	装甲车辆试验规程　第91部分:卫生救护设备性能试验
92	GJB 59. 92—2012	装甲车辆试验规程　第92部分:隐蔽性能试验
93	GB 13452. 2—2008	色漆和清漆　漆膜厚度的测定
94	GJB 1488—1992	军用内燃机电站通用试验方法
95	GB 15579	弧焊设备安全要求
96	GJB 1724—1993	装甲车辆用铅酸蓄电池规范
97	GJB 1734 - A—2011	装甲车辆灭火抑爆系统通用规范
98	GB/T 1766—2008	色漆和清漆　涂层老化的评级方法
99	GB 19826	充电机测试标准
100	GJB 2397—1995	雷达告警设备技术参数测试方法
101	GJB 2423—1995	自动榴弹发射器定型试验方法
102	GJB 2974—1997	火炮外弹道试验方法
103	GJB 298—1987	军用车辆28伏直流电气系统特性
104	GJB 3463—1998	军用越野汽车轮胎中央充放气系统规范
105	GJB 349. 2—1987	常规兵器定型试验方法　枪械
106	GJB 3836—1999	车载稳压电源通用规范
107	GJB 3855/1—1999	铅酸蓄电池智能充电机规范
108	GJB 3989—2000	装甲车辆用发电机通用规范
109	GJB 3996—2000	干扰弹检验验收规则
110	GJB 4100—2000	装甲车辆灭火及抑爆装置系列
111	GJB 4538—2002	军用开关型大功率直流试验电源规范
112	GJB 674A—1999	军用直流移动电站通用规范
113	GJB 81. 16—1985	军用推土机设计定型试验规程　高原地区适应性试验方法

4.2.2　装甲车辆高原适应性试验项目

高原地区气候特点独特,随海拔高度的升高,大气压力下降、空气密度减小、含氧量降低、平均气温下降、年低温期长、日照多、太阳辐射强、昼夜温差大、地形起伏较大,高原地区对车辆动力系统、武器系统及人机环境都有较大影响。

装甲装备高原适应性试验内容分为系统功能、系统性能、人机工效、可用性四个方面。其中,系统功能主要对装甲装备在高原环境下的功能发挥程度进行评价,在高原条件下,各项功能会出现保持正常水平、具备但性能下降、丧失三种状态。系统性能主要对装甲装备在高原环境下所具备的功能发挥程度进行评价,主要包含机动性能、武器系统性能、防护系统性能、指控通信系统性能、作业装置性能、侦察情报系统性能。人机工效主要是对高原缺氧环境下,装甲装备乘载员工效能力进行评价。可用性主要包括装甲装备在高原环境下的可靠性、维修性。可靠性重点是对装甲装备受高原特殊环境的影响而出现的故障现象、引发故障的内在机理、针对高原环境的特殊处理措施等进行评价；维修性主要针对在维修过程中的人员维修能力的发挥程度，以及备件备品的保障方便性进行评价。装甲车辆高原适应性试验内容的设计思路如图4-4所示。

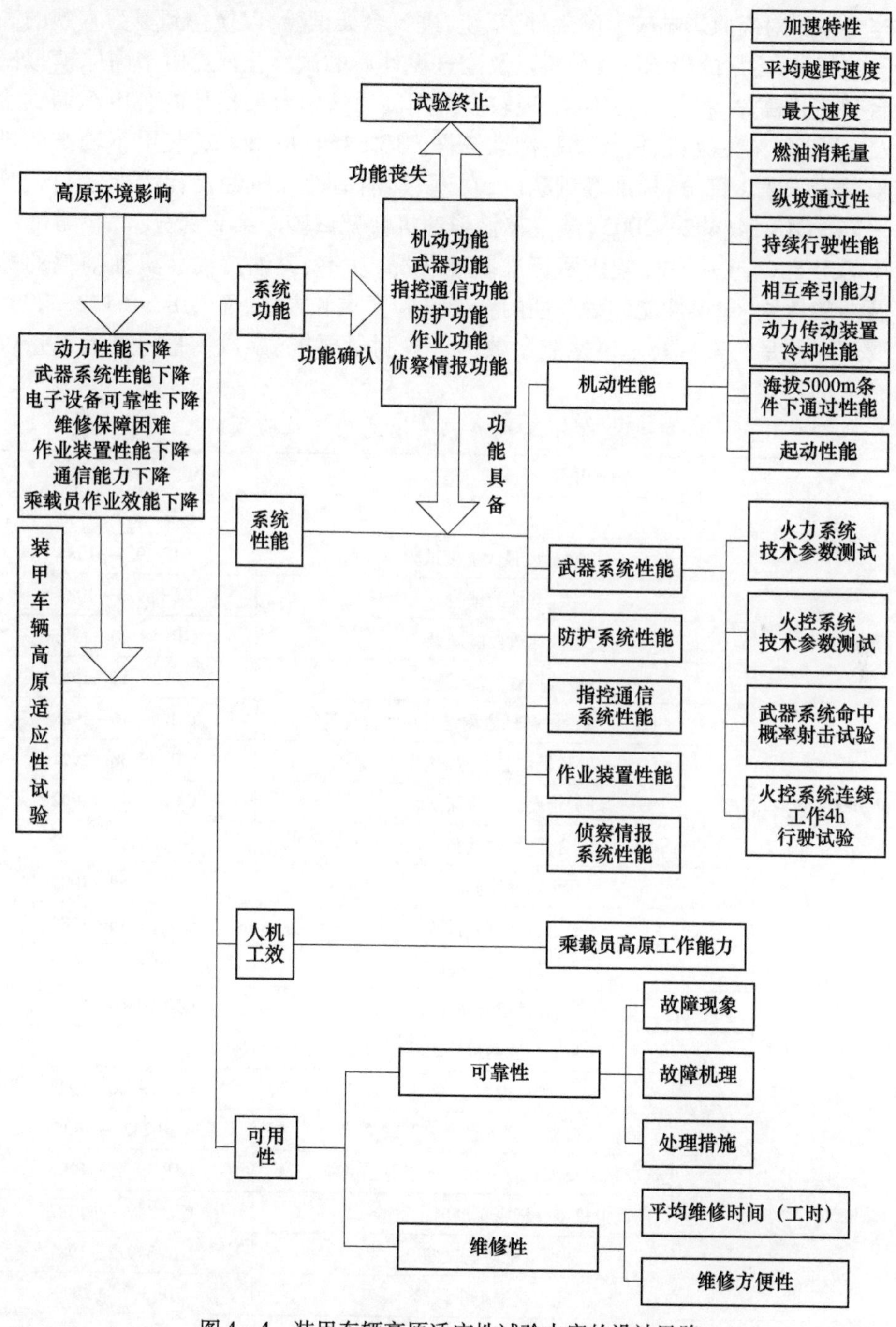

图4-4　装甲车辆高原适应性试验内容的设计思路

根据装甲车辆高原使用特点及评价因素,试验项目的确定以平原试验项目为基础,增加专门针对高原环境设置的项目,删去明确受高原环境影响较小的项目。通常需考虑完成的高原地区适应性试验项目见表4-3和图4-5。在此基础上,还应当考虑针对高原影响较大的部件、系统,进行台架试验,以便得到更为直观的高原影响规律、定量的影响程度分析以及改进设计后的试验验证。由于高原模拟试验台架造价高昂,模拟方法不一,现较多采用高原试验台架模拟的装甲车辆试验项目,主要围绕发动机进行,试验标准依据 GJB 5464.1—2005《装甲车辆柴油机台架试验　第1部分:标准基础状况,功率、燃油消耗和机油消耗的标定与试验方法》和 GJB 5464.2—2005《装甲车辆柴油机台架试验　第2部分:试验测量》,其中 GJB 5464.1—2005 规定了标准基准状况,功率、燃油消耗和机油消耗的标定及一般性能、专项性能和耐久性的台架试验要求和方法,而 GJB 5464.2—2005 主要规定的是台架试验主要性能参数的一般测量要求、参数测量精度和测量仪器精度的要求。

表4-3　装甲车辆高原使用适应性试验项目

试验项目		引用标准
层次1	层次2	
机动性能试验	加速特性、最大速度试验	GJB 59.1—1985
	起动性能试验	GJB 59.3—1987
	纵坡通过性能试验	GJB 59.10—1987
	持续行驶性能试验	GJB 59.14—1988
	发动机燃油、润滑油消耗量测定及最大行程计算	GJB 59.16—1988
	发动机加温性能试验	GJB 59.38—1991
	动力传动装置冷却试验	GJB 59.44—1992
	夜间行驶试验	GJB 59.45—1992
	平均速度测定	GJB 59.59—1995
	上下长坡行驶试验	GJB 81.16—1985
	可靠性行驶试验	GJB 848—1990
	车辆发动机装车试验	GJB 59.40—1992
	5000m 高原通过性试验	—
武器系统适应性试验	发烟弹射击试验	GJB 59.20—1988
	榴弹发射器立靶密集度射击试验	GJB 2423—1995
	火炮立靶密集度和首发命中概率射击试验	GJB 59.41—1992
	高射机枪立靶密集度射击试验	GJB 349.2—1987
	并列机枪射击试验	GJB 349.2—1987
	强光干扰弹射击试验	GJB 3996—2000

续表

试验项目		引用标准
层次1	层次2	
武器系统适应性试验	武器系统技术参数测试	GJB 59. 65—2002 GJB 59. 66—2002
	武器系统持续工作能力试验	GJB 59. 76—2008
防护性能试验	乘员舱灭火抑爆装置性能试验	GJB 1734 - A—2011
	动力舱灭火装置性能试验	GJB 1734 - A—2011
	轮式车辆方舱灭火装置性能试验	GJB 1734 - A—2011
	毫米波告警试验	GJB 2397—1995
	隐身涂料使用试验	GJB 13452. 2—2008 GB/T 1766—2008
	三防装置性能试验	GJB 59. 19—1988
	除霜性能试验	GJB 59. 35—1991
	敌我识别功能试验	GJB 59. 86—2011
	激光告警系统试验	GJB 59. 87—2011
	隐蔽性能试验	GJB 59. 92—2012
	顶部干扰组件性能试验	—
信息系统性能试验	导航定位性能试验	GJB 59. 75—2007
	综合电子信息系统试验	GJB 59. 78—2011
	侦察情报系统性能试验	GJB 59. 79—2011
	指挥控制功能试验	GJB 59. 80—2011
	车际通信性能试验	GJB 59. 80—2011
	车内通信性能试验	GJB 59. 81—2011
电源电气系统性能试验	车载交流移动电站性能试验	GJB 1488—1992
	智能配电系统性能试验	GJB 1488—1992
	免维护铅酸蓄电池性能试验	GJB 1724—1993
	发电机性能试验	GJB 298—1987
	车载直流移动电站性能试验	GJB 298—1987
	辅助发动机性能试验	GJB 298—1987
	车载稳压电源性能试验	GJB 3836—1999
	车载快速充电机性能试验	GJB 3855/1—1999
	车载起动/电焊多功能电源试验	GJB 4538—2002
	电焊设备性能试验	GJB 4538—2002
	供耗电平衡试验	GJB 59. 5—1987

续表

试验项目		引用标准
层次1	层次2	
人－机－环境工程试验	野外振动试验	GJB 59.15—1988
	噪声测量	GJB 59.2—1986
	脉冲噪声测量	GJB 59.2—1986
	车内通风制冷性能试验	GJB 59.63—1996
	乘员持续工作能力试验	GJB 59.83—2011
	车内有害气体测定	GJB 59.89—2011
作业装置性能试验	相互牵引性能试验	GJB 59.43—1992
	起吊作业试验	GJB 59.69—2004
	绞盘装置性能试验	GJB 59.77—2008
	支撑推土装置性能试验	GJB 81.16—1985
	油料运输与加注能力试验	GJB 59.68—2004
	高压空气压缩机性能试验	—
	液压无齿锯试验	—
	油料补给装置性能试验	—
	弹药器材补给性能试验	—
医疗设备性能试验	卫生救护设备性能试验	GJB 59.91—2012
可用性试验	故障统计与处理	GJB 59.23A—2004
	车辆安全性评定	GJB 59.46—1992
	零部件损坏与更换统计	GJB 59.51—1992
	使用保养说明书完善性评定	GJB 59.52—1992
	随车工具备品适用性评定	GJB 59.53—1992
其他试验	中央充放气系统性能试验	GJB 3463—1998
	卫生救护设备性能试验	GJB 59.91—2012
	车辆与地面相关的基本参数测定	GJB 59.4—1987
	暴晒试验	GJB 59.74—2004

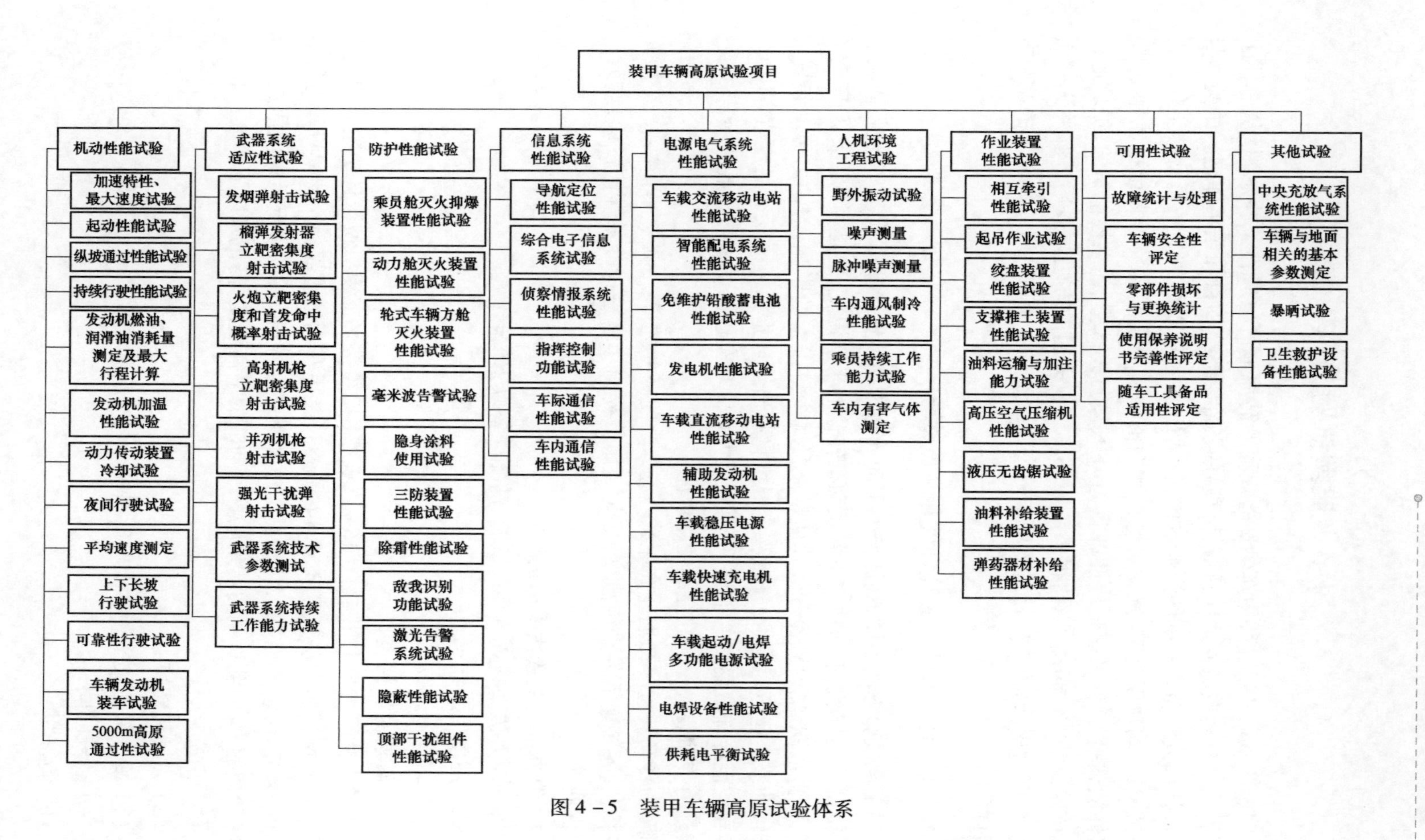

图4-5　装甲车辆高原试验体系

4.3 典型试验方法

GJB 59.58—1995《装甲车辆试验规程 高原地区适应性试验总则》从总体上规定了装甲车辆在高原地区适应性试验的条件、要求、项目和结果评定。试验项目主要包括海拔对动力系统的影响试验、持续行驶性能试验、乘员载员持续工作能力考核试验、平均速度测定、发动机燃油和润滑油消耗量测定及最大行程计算、三防装置性能试验、武器系统适应性试验、上下长坡行驶试验、起动性能试验、纵坡通过性能试验。从方法角度上看,很多高原环境试验采用的方法与通用试验并无较大差异,可以沿用,这里主要针对新增加的高原试验方法和高平原差异较大的试验方法进行介绍。

4.3.1 动力传动装置冷却性能高原试验

与平原试验方法不同,高原条件下的动力传动装置冷却试验,应先进行车辆的热平衡试验,以获取不同挡位下各发动机转速的平衡温度,这是因为在高原环境条件下,受缸内燃烧后移、冷却气体质量流量减少等因素的影响,当动力传动装置在外特性曲线上运行时,其冷却液稳定温度将超出设计指标值或没有稳定值。因此,通常在控制冷却液温度的前提下,再利用负荷测功车进行动力传动装置冷却试验,探索动力传动装置冷却性能的变化规律。

动力传动装置冷却性能高原试验应分为两部分进行:一是热平衡试验,获取车辆各挡位、各转速下的平衡温度;二是利用负荷测功车进行冷却性能试验,获取冷却特性曲线。

1. 动力传动装置热平衡试验

进行动力传动装置热平衡试验,需要准备以下仪器:

(1) 温度传感器;

(2) 车速测量仪;

(3) 转速测量仪。

试验方法可参照 GJB 4111.16—2000《军用履带式工程机械设计定型通用试验规程 热平衡试验方法》、GJB 59.14—1988《装甲车辆试验规程 持续行驶性能试验》相关规定实施。测试时,从最高挡位和最高转速开始,以规定转速间隔逐次降挡、降转速的方法,测试动力传动装置冷却液的平衡温度,需记录以下参数:

(1) 挡位;

(2) 发动机转速;

(3) 冷却液达到平衡状态时的温度;

(4) 行驶时间;

(5) 行驶里程。

2. 动力传动装置冷却试验

进行动力传动装置冷却试验,需要准备以下仪器:

(1) 温度传感器;

(2) 牵引力测量仪;

(3) 速度测量仪;

(4) 转速测量仪;

(5) 扭矩测量仪;

(6) 油耗仪;

(7) 负荷测功车。

试验方法可参照 GJB 59.44—1992《装甲车辆试验规程　动力传动装置冷却试验》进行。需进行的试验内容如下(注意应基于热平衡试验结果进行):

(1) 动力装置冷却试验;

(2) 传动装置冷却试验。

需要记录的数据如下:

(1) 拖钩牵引力;

(2) 车辆速度;

(3) 发动机转速和冷却风扇转速;

(4) 燃油消耗量;

(5) 挡位;

(6) 风向与风速;

(7) 环境气温、气压与相对温度;

(8) 发动机冷却液温度;

(9) 回油道油温;

(10) 液力变矩器或其他液压装置油温;

(11) 发动机排气温度。

4.3.2　海拔高度对发动机功率影响试验

海拔高度对发动机功率影响试验,其主要目的是能够定量分析动力系统在高原环境条件运行时的下降程度,探索动力传动装置的高原使用规律。

海拔高度对发动机功率的影响应分为两部分进行:一是发动机的大气环境模拟实验室台架试验,二是野外实车试验。环境实验室试验着重于发动机本体的功率、扭矩输出及与涡轮增压器的匹配等性能参数定量测试与评价,主要用于考核动力系统高原环境条件下性能参数的变化,野外实车试验主要考核动力传动系统高原环境条件下的装车适应性。

1. 大气环境模拟实验室台架试验

大气环境模拟实验室台架试验可参照 GB 1105.1《内燃机台架性能试验方

法 标准环境状况及功率、燃油消耗和机油消耗的标定》和 GB 1105.2《内燃机台架性能试验方法》规定的试验方法执行。如条件允许,应保持发动机台架试验间整个高原环境条件的模拟,这包括试验间的大气压力、温度和湿度的控制,在严格控制环境模拟的条件下,测试并记录发动机以下各项性能参数和环境参数。

(1) 大气温度、压力和湿度;

(2) 发动机转速;

(3) 发动机燃油消耗量;

(4) 发动机输出扭矩;

(5) 缸内爆发压力(或缸内最高爆发压力);

(6) 压气机前后压力和温度(若含涡轮增压器,不含则测试进气压力);

(7) 涡轮增压器转速(若含涡轮增压器);

(8) 发动机进出水口温度(若条件允许测量流量);

(9) 水泵转速及前后端压力;

(10) 机油温度及机油泵前后端压力;

(11) 涡轮前后的温度和压力;

(12) 排气碳烟;

(13) 排气排放。

通过记录参数,计算发动机的性能参数并绘制特性曲线。

(1) 计算发动机输出功率、比油耗,并绘制发动机外特性曲线及部分负荷特性曲线;

(2) 绘制发动机示功图;

(3) 计算压气机前后空气流量、压气机效率,绘制压气机特性曲线;

(4) 计算涡轮前后流量、涡轮效率,绘制涡轮特性曲线;

(5) 绘制水泵特性曲线;

(6) 绘制发动机和涡轮增压气的联合运行曲线。

注意:①若环境实验室条件不能达到整个大气环境模拟,则可用模拟进排气来进行大气环境模拟试验;②按需要进行不同进气压力或海拔高度下的模拟试验。

2. 野外实车试验

1) 测试输出扭矩

由测试输出扭矩来进行动力系统的高原环境适应性试验,通常应以发动机的输出轴为测试对象,若受发动机输出轴尺寸和位置限制,也可采用测试传动系统输出轴的方式来替代发动机输出轴。值得注意的是,不论采用哪种方式进行测量,都应考虑到消除发动机或变速箱个体加工工艺差异带来的影响偏差。因此,在进行实车测试时,要注意以下两点:一是选择的试验样本理论上应不少于 3 台,同一工况的试验次数应不少于 2 次;二是试验时的对象应尽可能地选取同一车辆进行高原及平原的对比试验，保证试验数据的完整性和可对比性，以便于探索规律和分析数据。

2）测试整车牵引力

测试整车牵引力，需要准备以下仪器：

（1）牵引力测量仪；

（2）速度测量仪；

（3）转速测量仪；

（4）扭矩测量仪；

（5）油耗仪；

（6）负荷测功车。

试验方法可参照GJB 59.25—1991《装甲车辆试验规程　硬地拖钩牵引特性试验》和GJB 59.39—1991《装甲车辆试验规程　拖曳阻力测定》进行。需进行的试验内容如下：

（1）拖钩牵引特性试验；

（2）最大拖钩牵引力试验；

（3）硬地行驶阻力试验；

（4）软地行驶阻力试验。

需要记录的数据如下：

（1）拖钩牵引力；

（2）车辆速度；

（3）左、右主（驱）动轮转速；

（4）发动机转速；

（5）燃油消耗量；

（6）车辆挡位；

（7）发动机和主（驱）动轮扭矩；

（8）牵引力的时间历程；

（9）拖曳阻力。

3）根据整车性能试验进行功率推算

发动机装车后，其输出功率受诸多因素制约（如结构尺寸、地形条件、测试仪器），有时可能无法直接获得输出扭矩或牵引力的测试数据，因此，可通过整车的机动性能参数进行高原对发动机影响的推导，主要进行试验如下：

（1）加速特性、最大和最小稳定速度试验；

（2）起动性能试验；

（3）持续行驶性能试验；

（4）燃油、润滑油消耗量测定；

（5）纵坡与侧坡通过性能试验。

具体试验方法,可参照 GJB 59.1—1985、GJB 59.3—1987、GJB 59.14—1988、GJB 59.16—1988、GJB 59.25—1991 及 GJB 59.10—1987 进行。

4.3.3 上下长坡行驶试验

考核车载装备道路通行能力和高原环境条件下动力和热平衡性能,在上下长坡行驶过程中,连续对海拔高度、气压、温度、湿度等环境参数进行记录。

试验道路总里程一般应大于 10km,其中上坡路段占总试验里程的 90%,坡道所处的海拔高度覆盖车载装备海拔高度指标要求的 4500 ~ 5500m。

试验时油门全开,视道路情况选择车速,观察发动机各挡位下热平衡状态,在安全允许的条件下以最大车速行驶。

记录车辆使用挡位、行驶时间、里程,测量动力传动系统各油、水温度,绘制里程—坡度曲线和里程—温升曲线。计算行驶里程、平均速度、各挡位使用频率、燃油消耗率,评价装备的动力、供油、散热等情况。

4.3.4 指控通信试验

指控通信性能在高原地区受高海拔、低气压、空气稀薄等高原环境影响较小,受电磁环境影响较小,通信性能主要受地形影响。指控通信系统高原地区试验方法重点考虑地形勘察的重要性,通信双方沿途海拔高度数据(即遮挡情况)作为试验结果分析的重要支撑数据,其他方面与平原一致。

1. 指挥控制性能试验

指挥控制性能通过系统功能试验进行考核,各种指控功能不再单独设立试验项目,主要设置 2 个试验项目:系统连续工作 12h 试验和系统综合组网试验。

1) 系统连续工作 12h 试验

该项试验主要针对连续工作能力和设备散热效果进行考核,设备连续工作 12h 后进行评判。

2) 系统综合组网试验

该项试验考核目的是全面检查指控通信设备的高原适应性。根据系统作战任务流程拟制试验剖面,试验过程中对各类型指控装备和各种指控功能进行系统试验。试验前应明确参试装备编配部署和作战任务流程,确保通信网络互联互通。

2. 通信性能试验

装甲车载通信设备有多种,项目组以战术互联网超短波电台为典型通信设备,对其通信性能试验方法进行描述。其主要试验步骤如下:

1) 电性能参数测试

测试参数参照 GJB 318A—1997《战术调频电台通用规范》3.15.2 中的规定,也可适当裁剪,测试方法参照 GJB 238A—1997《战术调频电台测量方法》和 GJB 3434—1998《跳频电台性能测量方法》。

2）频谱监测

利用频谱监测设备在试验场地对电台工作频段进行频谱监测，监测结果用作电台频率指配，避免电磁环境干扰。

3）地形勘察

勘察和选择多种典型高原地形，包括通视地形和各类遮挡地形，作为通信性能试验结果分析的支撑数据。地形勘察需要提前进行，包括实地勘察和参照地图，重点摸清通信双方沿途的高山阻挡情况，记录沿途海拔高度。

4）通信距离试验

按照 GJB 59.80—2011《装甲车辆试验规程　第80部分：营连指挥车指控通信系统试验》中规定的试验方法进行通信距离试验、话音通信试验和数据通信试验。试验前检查测试设备驻波比和发射功率。在电台各种工作方式下，在研制总要求或者任务书规定的通信距离上进行话音通信，记录话音通信质量和话音可通率等数据；选择话音质量优于3分的信道，进行 ping 数据包测试（按照要求明确包长和包数）或者进行文电传输，记录传输成功率。对于未达到指标要求的试验数据，结合地形、电磁环境等影响因素进行综合分析。

4.3.5　导航定位系统试验

导航定位系统试验可参照 GJB 59.75—2007《装甲车辆试验规程　第75部分：导航定位设备性能试验》和 GJB 5418—2005《地面定位导航系统定型试验规程》规定的试验方法执行。

在高原野外进行试验，缺少标准点，卫星定位精度、惯性导航精度等研制总要求规定的技术指标无法进行试验考核，只能进行功能检查。在实际试验过程中，可以通过研制导航定位系统测试装置，实时、连续采集 GPS、北斗和惯导输出的位置数据，进行数据关联分析；为导航定位系统功能检查提供必要的测试手段，尤其是检查卫星定位设备，如一代北斗在高原地区存在的飞点现象；外接差分高精度卫星定位装置，为惯性导航装置导航精度测试提供相对精度较高的标准点，解决惯性导航装置野外测试无标准点的难题。

4.4　高原环境影响分析方法

4.4.1　环境分析方法分类

装备在服役过程中，由于受到环境的作用，装备的性能和功能会发生缓慢的或者剧烈的改变，这种变化往往损害了装备的质量，也称为装备的环境损伤。环境对装备造成的损伤有着明确的影响因素，通过研究环境对装备的影响，可以指导装备环境适应性设计、试验和评估以及使用维护。常见的环境分析方法有故障模式、影响和危害性分析方法(failure mode,effects and criticality analysis,FMECA)以及故障树分析方法(fault tree analysis,FTA)。

FMECA属于归纳法,它由下而上分析系统的硬件单元或功能单元的所有可能的故障模式,以确定它对系统的影响,这种分析面向系统的一切组成部分。FTA属于演绎法。它由上而下,从系统的特定故障状态(顶事件)出发,分析导致顶事件的一切可能原因或原因组合,这种分析面向全系统。

FMECA简单易行,易于推广到各级产品,设计师普遍应用,而FTA的难度较大。FTA追溯系统失效的根源,深入故障组合关系。所以一般要求首先全面开展FMECA,从而找出可能发生的灾难性的和严重的系统失效事件,然后从中选择顶事件有重点地进行FTA。这样,FMECA是FTA的一种准备,FTA是FMECA的发展和补充,二者相辅相成。FTA、FMECA及危险因素分析的关系可用图4-6表示。

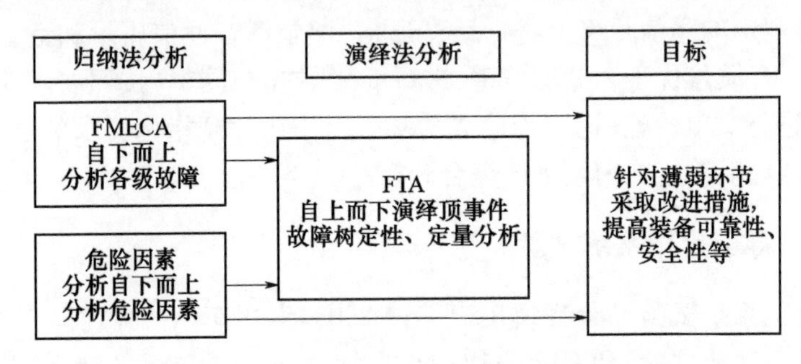

图4-6 FTA、FMECA及危险因素分析的关系

4.4.2 故障模式、影响和危害性分析

故障模式、影响和危害性分析是分析产品所有可能的故障模式及其可能产生的影响,并按照每个故障模式产生影响的严重程度及其发生概率进行分类的一种归纳分析方法,是属于单因素的分析方法。由于环境适应性问题是引起故障的主要原因之一,所以故障模式、影响和危害性分析方法也是产品环境适应性分析的方法之一。故障模式、影响和危害性分析由故障模式及影响分析(FMEA)和危害性分析(CA)两部分组成,只有在进行故障模式及影响分析工作的基础上,才能进行危害性分析。

FMECA作为一种对产品可靠性进行分析的方法源于美国。早在20世纪50年代初期,美国就开始采用故障模式及影响分析的方法,并取得了良好的效果。随后,人们在FMEA的基础上扩展了危害性分析方法,以判断故障模式影响的程度具体多大,使分析定量化。到20世纪60年代后,FMECA方法开始在各种装备的研制中得到广泛应用,并逐渐渗透到机械、汽车、医疗设备等民用产品上,取得了明显的效果。

故障模式指故障表现的形式,如断裂、腐蚀、磨损等。故障影响指故障模式对产品或者系统的使用、功能或状态所导致的结果，它可以分成局部的、高一层次的和最终影响三级。故障原因指直接导致故障的物理的、化学的、生物的或其他过程等因素，故障原因很大一部分是源于环境因素的作用；故障机理指在故障发生后，通过对产品及其结构、使用和技术分析等进行逻辑、系统的研究，以鉴别故障模式、确定故障原因和失效机理的过程危害性。危害性指对某种故障模式的后果及其发生概率的综合度量。严酷度指故障模式所产生的后果的严酷程度。

在产品寿命期内的不同阶段，采用FMECA的方法和目的略有不同，但根本的目的均是从不同角度发现产品的各种缺陷和薄弱环节，并采取有效措施进行改进和补偿，以提高产品的可靠性水平。FMECA方法的分类如图4－7所示，各方法的适用阶段见表4－4。其中将损坏模式影响及危害性分析（DMECA）也作为FMECA的一种，其目的是为武器装备的生存力和易损性评估提供依据。损坏模式影响及危害性分析是确定战斗损伤所造成的损伤程度，以提供因损坏机理所引起的损坏模式对武器装备执行任务功能的影响，进而有针对性地提出设计、维修、操作等方面的改进措施。在环境适应性工作中，主要关心的是硬件FMECA和功能FMECA。

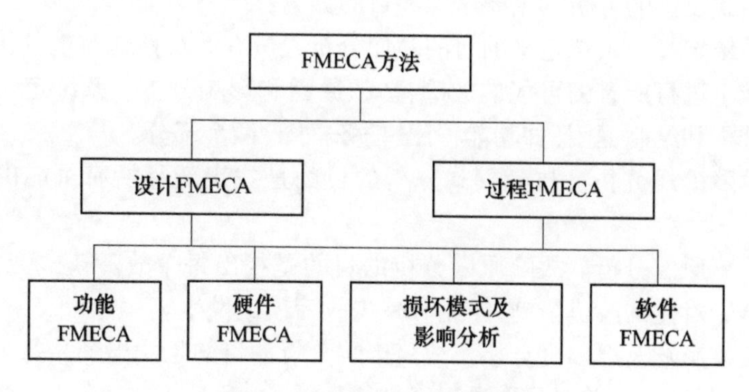

图4－7　FMECA方法的分类

表4－4　在产品寿命期各阶段的FMECA方法

项目	论证和方案阶段	工程研制阶段	生产阶段	使用阶段
方法	功能FMECA	功能FMECA、硬件FMECA、DMECA、软件FMECA、过程FMECA	过程FMECA	硬件FMECA、DMECA、软件FMECA、过程FMECA
目的	分析研究系统功能设计的缺陷与薄弱环节，为系统功能设计改进和方案权衡提供依据	分析研究系统硬件、软件设计的缺陷和薄弱环节，为系统的软硬件设计改进和方案权衡提供依据	分析研究所设计的生产工艺及过程的缺陷和薄弱环节及其对产品的影响，为生产工艺的设计及过程的改进提供依据	分析研究产品使用过程中实际发生的故障、原因及其影响，为评估论证、研制、生产阶段的FMECA的有效性和进行产品改进、改型或新产品研制提供依据

功能/硬件 FMECA 一般按照图 4-8 所示的步骤进行，主要分为故障模式及影响分析、危害性分析、生成 FMECA 报告三部分。

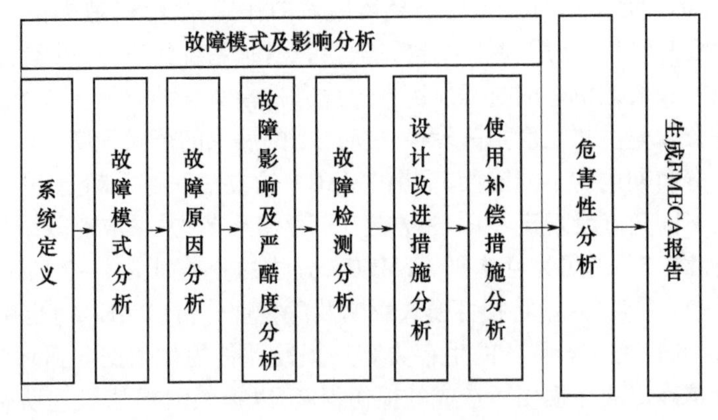

图 4-8　FMECA 步骤

1. 故障模式及影响分析

故障模式及影响分析的主要步骤和目的如下：

(1) 系统定义。系统定义的目的是使分析人员有针对性地对被分析产品在给定任务功能下进行所有的可能的故障模式、原因和影响分析。系统定义可概括为产品功能分析和绘制框图(如功能框图、任务框图)两个部分。

(2) 故障模式分析。故障模式分析的目的是找出产品所有可能出现的故障模式。

(3) 故障原因分析。故障原因分析的目的是找出每个故障模式产生的原因，进而采取有针对性的改进措施，防止和减少故障模式发生。

(4) 故障影响及严酷度分析。故障影响分析的目的是找出产品每个可能的故障模式所产生的影响，并对其严酷程度进行分析。

(5) 故障检测方法分析。故障检测方法分析的目的是为产品的维修与测试性设计以及维修工作分析等提供依据。

(6) 设计改进与使用补偿措施分析。设计改进与使用补偿措施分析的目的是针对每个故障模式的影响，提出在设计和使用方面采取的措施，以消除或减轻故障的影响。

1)系统定义

系统定义是故障模式分析的重要环节，系统定义的全面和好坏决定了分析的质量和效率。将需要分析的系统按功能或任务分解成若干层级和部分，可以很清晰地确定或剔除相关/无关的故障模式，为后续的故障和原因分析等指明方向。一般来讲，可按系统的硬件组成结构逐层划分，并给出系统组成框图。但需注意的是，对于复杂系统，由于层级和组成较多，需有针对性地划分，在考虑系统功能覆盖全面的同时，还需尽量合并同类项。通常对于装甲车辆，在故障模式及影响分析系统定义阶段，层级不应超过4级。

2）故障模式分析

故障是产品或者产品的一部分不能或将不能完成预定功能的事件或状态。判定产品是否构成故障的依据是实现定义的故障判据，一般根据产品规定的性能指标及允许基线来定义。研究产品故障时往往是从产品的故障现象入手，进而通过故障现象（故障模式）找出故障原因。故障模式是FMECA的基础，也是进行其他故障分析如故障树分析的基础之一。

产品的故障与产品所属系统的规定功能和规定条件密切相关，在对具体的系统进行故障分析时，必须首先明确系统在规定的条件下丧失规定功能的判别准则，即系统的故障判据，这样才能明确产品的某种非正常状态是否为产品的故障模式。

在进行故障模式分析时，应注意区分两类不同性质的故障，即功能故障和潜在故障。功能故障是指产品或者产品的一部分不能完成预定功能的事件或状态，即产品的一部分突然、彻底地丧失了规定的功能；潜在故障是指功能故障将要发生的一种可鉴别（人工观察或仪器检测）的状态。图4-9给出了某金属材料因为疲劳损伤从潜在故障发展为功能故障的案例。在开始的A点，金属材料无故障；在B点，疲劳裂纹萌生；C点出现可见裂纹，成为潜在故障；D点材料断裂成为功能故障。当然并不是所有的故障都会经历从潜在故障到功能故障的过程。在进行故障模式分析时，区分潜在故障模式与功能故障模式十分重要，如可以利用潜在故障模式的识别来对产品进行故障监控与检测。

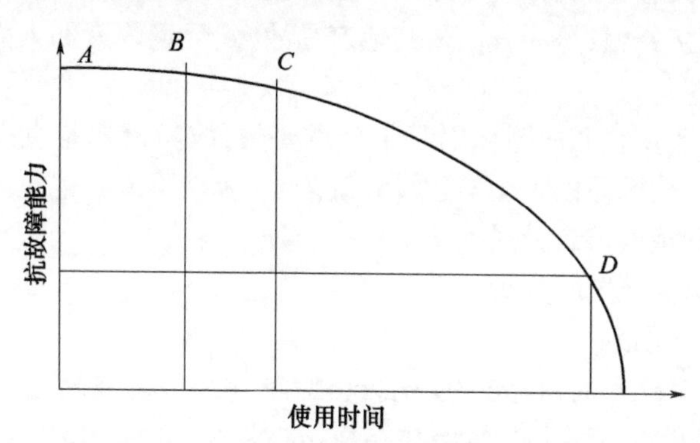

图4-9　从潜在故障发展为功能故障

A—无故障；B—初始裂纹，不可见；C—潜在故障（可见裂纹）；D—功能故障（断裂）。

进行故障模式分析时还应该确定和描述产品在每一种功能下可能的故障模式。一个产品可能具有多种功能，而每一种功能可能具有多种故障模式，要找出产品每一种功能全部可能的故障模式。

此外，复杂系统一般具有多种任务功能，每一种任务功能常常对应着不同的任务剖面，每个任务剖面又由多个任务阶段组成，产品在每一个任务阶段中又具有不同的工作模式。进行故障分析时,要说明在哪一个任务剖面的哪一个任务阶段的什么工作模式下发生的。

由表4-4可知,在系统的寿命周期内,分析人员通过各种目的的FMECA就可掌握系统的全部故障模式,但在系统研制初期分析各产品可能的故障模式,需要通过统计、试验、分析、预测等方法获取产品的故障模式,获取的主要原则如下:

(1) 对于现有产品,以该产品在过去的使用中所发生的故障模式为基础,根据产品使用环境的异同进行分析修正,进而得到该产品的故障模式。

(2) 对于新产品,可根据该产品的功能原理和结构特点进行分析、预测,或者以与该产品具有相似功能和相似结构产品所发生的故障模式为基础,分析判断产品的故障模式。

(3) 对于引进的货架产品,应向供应商索取其故障模式,或以相似功能和相似结构的产品中发生的故障模式为基础,分析判断其故障模式。

(4) 对常用的基础产品如元器件、零组件,可从国内外标准、手册中确定其故障模式。

(5) 从其他经验总结中提取故障模式。

3) 故障原因分析

故障模式分析只是说明了产品将以什么模式发生故障,并不说明产品为何发生故障,因此为了控制故障,还需要分析每一故障模式所有可能的原因。分析故障原因一般从两方面着手:一方面是导致产品功能故障或潜在故障的物理、化学或生物变化过程等直接原因,另一方面是其他产品故障、环境因素和人为因素等引起的间接故障原因。

正确区分故障模式和故障原因是十分重要的,故障模式是直接观察到的故障表现形式,而直接故障原因则会描述设计缺陷、质量缺陷或其他原因导致的故障机理,便于设计和管理人员有针对性地采取措施加以解决。

4) 故障影响及严酷度分析

(1) 约定层次的划分。

① 在开展FMECA时,首先要明确分析对象,确定其分析范围,即规定FMECA从哪个产品层次开始到哪个产品层次结束,这种规定的FMECA层次称为约定层次。FMEA中常用的约定层次的定义如下。

初始约定层次:指的是要进行FMECA总的完整的产品所在的约定层次中的最高层次,它是故障最终影响的对象。

约定层次:根据FMEA的需要,按产品的功能关系或组成特点进行FMEA的产品所在的功能层次或结构层次。一般从复杂到简单依次进行划分。

其他约定层次:相继的约定层次(第二、第三、第四等),这些层次表明了直至较简单的组成部分的有顺序的排列。

最低约定层次：指约定层次中最低层的产品所在层次，它决定了 FMEA 工作深入、细致的程度。

② 确定约定层次的主要原则和方法如下。

a. 约定层次的划分应从效能、费用、进度等方面进行综合权衡。

b. 由于在系统的不同研制阶段内 FMECA 的目的和侧重点不同，因而约定层次的划分不必强求一致。

c. 对于采用了成熟设计、继承性较好并且经过了验证的良好产品，其约定层次可划分得少而粗；反之要划分得多而细。

d. 当分析复杂产品时，应按型号研制的总体单位和配套单位的责任关系明确各自开展 FMECA 的产品范围。总体单位首先将研制的装备定义为“初始约定层次”，并对配套单位提出“最低约定层次”的划分原则。约定层次划分得越多，FMECA 的工作量越大。

图4－10所示为某装甲车辆推进系统约定层次划分示例。图中，初始约定层次是“装甲车辆”，最低约定层次是“转向马达”，约定层次是“转向马达”紧邻的上一层次“转向机构”。

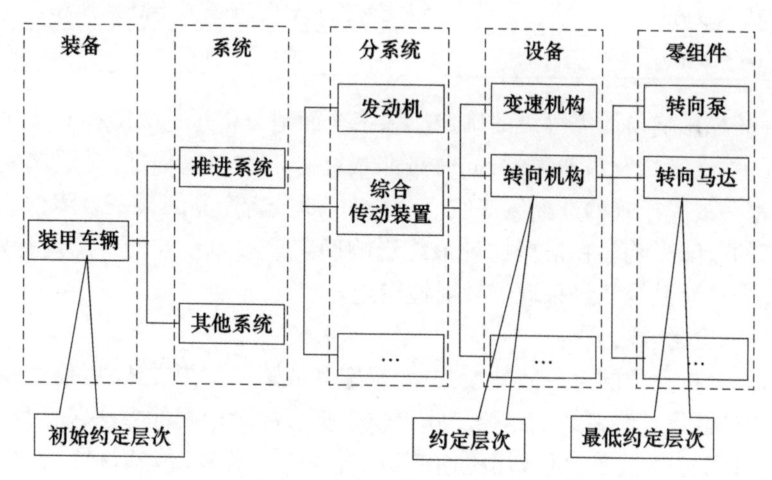

图4－10　某装甲车辆推进系统约定层次划分示例

（2）故障影响。故障影响是指产品的每一故障模式对产品自身或者其他产品的使用、功能和状态的影响。当分析系统中某产品的故障模式对其他产品产生故障影响时，通常按预先定义的约定层次结构进行，即当分析某产品的故障模式对其他产品的影响时，不仅要分析该故障模式对该产品所在层次的其他产品造成的影响，还要分析该故障模式对该产品所在层次的更高层次产品的影响。通常将这些按照约定层次划分的故障影响称为局部影响，高一层次的故障影响称为高一层次影响，对初始约定层次的影响称为最终影响。不同范围故障影响的定义见表4－5。

表4-5　不同范围故障影响的定义

名称	定义
局部影响	产品的故障模式对该产品自身及所在约定层次产品的使用、功能或状态的影响
高一层次影响	产品的故障模式对该产品所在约定层次的紧邻上一层次产品的使用、功能或状态的影响
最终影响	产品的故障模式对初始约定层次产品的使用、功能或状态的影响

(3) 故障的严酷度。在进行故障影响分析之前,需要对故障模式的严酷度进行规定。故障严酷度一般可根据故障模式最终可能出现的人员伤亡、任务失败、产品损坏(或经济损失)和环境伤害等方面的影响程度进行确定。武器装备常用的严酷度定义见表4-6。

表4-6　武器装备常用的严酷度定义

等级	严酷度定义
Ⅰ(灾难的)	人员死亡或系统报废
Ⅱ(严重的)	人员严重受伤、严重职业病或者系统严重损坏
Ⅲ(轻度的)	人员轻度受伤、轻度职业病或者系统轻度损坏
Ⅳ(轻微的)	轻于Ⅲ级的损伤

(4) 故障影响与严酷等级的确定。系统全面地分析每一故障模式产生的局部影响、高一层次影响及最终影响,同时按照最终影响的严重程度,对照严酷度的定义,分析每一故障模式的严酷度等级。分析时,要分析产品的某一故障模式可能造成的最坏的故障影响。在根据这种最终影响确定该故障模式的严酷度等级时,应当在备注中注明系统已经采取的针对性措施。

5) 故障检测方法分析

针对经分析找出的每一故障模式,要确定其故障的检测方法,以便为系统内的维修性、测试性设计和系统的维修工作提供依据。故障检测的方法包括目视检查、离机检测和原位测试等,可采用机内测试、自动传感装置、传感仪器、音响报警装置、显示报警装置等。故障检测一般分成事前检测和事后检测两类,对于潜在故障模式,要尽可能采取事前检测的方法。

6) 设计改进与使用补偿措施分析

补偿措施分析是针对每个故障模式的原因、影响,提出可能的补偿措施,这是FMEA分析的最终目的,所以要指出并评价那些能够用来消除或减轻故障影响的补偿措施。这些补偿措施分为设计改进措施与使用补偿措施。

设计改进措施主要包括采用冗余设备确保产品继续工作、采用安全或保险装置(如监控或报警装置)、增加可替换的工作方式(使用备用或辅助设备)、可消除或减轻故障影响的设计改进等。

使用补偿措施包括在使用维护规程中规定使用维护措施、操作人员在故障发生时可采用的补救措施等。

7) FMEA 表格填写

FMEA 完成后可通过填写 FMEA 表格来完成 FMEA 过程。表 4-7 是一种常用的功能及硬件 FMEA 表格形式。根据各种不同的分析要求,可设计不同风格的 FMEA 表格形式。

表 4-7　典型功能及硬件 FMEA 表

初始约定层次产品：　　任务：　　审核：　　第　页共　页

约定层次产品：　　分析人员：　　批准：　　填表日期：

代码	产品或功能标志	功能	故障模式	故障原因	任务阶段和工作方式	故障影响			严酷度类别	故障检测方法	设计改进措施	使用补偿措施	备注
1	2	3	4	5	6	7	8	9	10	11	12	13	14
对产品采用一种编码体系进行标识	记录被分析产品或功能的名称	简要描述产品所具有的主要功能	根据故障模式分析的结果,简要描述每一产品的故障模式	根据故障模式分析的结果,简要描述每一产品所有故障原因	根据任务剖面,依次填写发生故障时任务阶段与该阶段内产品的工作方式	根据故障影响、分析的结果,简要描述每一个故障模式的局部、高一层次和最终影响并分别填入第7、8、9栏			根据最终影响分析的结果,按每个模式分析其严酷度级别	根据产品故障模式原因、影响分析结果依次填写故障检测方法	根据故障影响、故障检测等分析结果,依次填写设计改进和使用补偿措施		注释和补充说明

在进行 FMEA 时,表中的“初始约定层次产品”处填写处于初始约定层次中的产品名称,“约定层次产品”处填写 FMEA 表中正在被分析的产品紧邻的上一层次产品。当约定层次的级数较多(一般大于 3 级)时,应从下至上按约定层次的级别不断分析,直至约定层次为初始约定层次相邻的下级时,才构成一套完整的 FMEA 表格。

例如,在图 4-7 中某装甲车辆约定层次的划分是“装甲车辆—系统—分系统—设备—部件”, 即初始约定层次产品为“整机(装甲车辆)”。进行设备级的 FMEA 时,首先初始约定层次产品填“××装甲车辆”,约定层次产品填“转向机构”,在 FMEA 表格中的分析对象(第 2 栏)依次填“转向泵”“转向马达”等。然后应进行分系统级的 FMEA,初始约定层次产品仍填“装甲车辆”,约定层次产品填“综合传动装置”,FMEA 表中的分析对象依次填“变速机构”“转向机构”等。当进行系统级的 FMEA 时,初始约定层次产品不变,约定层次产品填“推进系统”,FMEA 表中的分析对象依次填“发动机”“综合传动装置”等。因此,FMEA 是一个从下至上的分析过程,每一层次分析以低层次的分析为基础。

表4-7中的“任务”处填写“初始约定层次产品”所需完成的任务。若初始约定层次具有不同的任务,则应分开填写FMEA表。对于武器装备的任务通常用任务剖面来描述。

2. 危害性分析

危害性分析的目的是按每一故障模式的严重程度及该故障模式发生的概率所产生的综合影响对系统中的产品进行分类,以便全面评价系统中各种可能出现的产品故障的影响CA是FMEA的补充或扩展,只有在进行FMEA的基础上才能进行CA。危害性分析常用的方法有两种,即风险优先数(risk priority number,RPN)法和危害性矩阵法,前者主要产生于汽车等民用工业领域,后者主要产生于航空、航天等军用领域。在进行危害性分析时可根据具体情况选择一种方法。

1)风险优先数法

某一产品的故障模式的风险优先数(RPN)由故障模式发生概率等级(occurrence probability ranking, OPR)和影响严酷度等级(effect severity ranking, ESR)的乘积计算得出,即故障模式的风险优先数越高,则其越重要。在对影响RPN的两项因素进行评分之前,应首先根据所分析系统的具体特点对这两项因素制定评分准则。

发生概率等级用于评定某个故障模式实际发生的可能性。表4-8给出了发生概率等级的评分准则,表中“故障模式发生概率P_m参考范围”是对应各评分等级给出的预计该故障模式在产品的寿命周期内发生的概率,该值在具体应用中可以视情定义。

表4-8 故障模式发生概率等级的评分准则

OPR评分等级	故障模式发生的可能性	故障模式发生概率P_m参考范围
1	极低	$P_m \leqslant 10^{-6}$
2,3	较低	$10^{-6} < P_m \leqslant 10^{-4}$
4,5,6	中等	$10^{-4} < P_m \leqslant 10^{-2}$
7,8	高	$10^{-2} < P_m \leqslant 10^{-1}$
9,10	非常高	$P_m > 10^{-1}$

严酷度等级(ESR)用于评定所分析的故障模式的最终影响的程度。表4-9给出了严酷度等级(ESR)的评分准则。在分析中,该评分准则应综合所分析产品的实际情况尽可能地详细规定。

表4-9 严酷度等级(ESR)的评分准则

ESR的评分等级	严酷度等级	故障影响的严重程度
1,2,3	轻度的	不足以导致人员伤害或轻度的经济损失或产品轻度的损坏及环境损害,但会导致非计划性维护或修理

续表

ESR 的评分等级	严酷度等级	故障影响的严重程度
4,5,6	中等的	引起人员中等程度伤害或中等程度的经济损失或导致任务延误或降级、产品中等程度的损坏及中等程度的环境损害
7,8	致命的	引起人员严重伤害或重大经济损失或导致任务失败、产品严重损坏及严重环境损害
9,10	灾难的	引起人员伤亡或产品毁坏、重大环境损害,如飞机空中解体、潜艇爆炸沉没

当需要进行工艺的故障模式及影响分析时,还应增加一个评定因素:检测难度等级(detection difficulty ranking, DDR)。检测难度等级用于评定通过企业内部预定的检验程序查出引起所分析的故障模式的各种原因的可能性。这种评定是在零件或组件投入生产之前进行的,以评定各种工序流程的合理性和有效性。在汽车行业,某些特定的检验程序包括设计评审、数字仿真、试验、可行性评审、路试、原型试验等。检测难度等级的评分准则示例见表4-10。

表4-10　检测难度等级的评分准则

等级	检验程序查处故障的难度	
1,2	非常低	检验程序可以检出潜在设计缺陷
3,4	低	检验程序有较大可能检出潜在设计缺陷
5,6	中等	检验程序有可能检出潜在设计缺陷
7,8	高	检验程序不大可能检出潜在设计缺陷
9	非常高	检验程序不可能检出潜在设计缺陷
10	检不出	检验程序绝不可能检出潜在设计缺陷

当增加检测难度等级后,RPN 的表达式如下:

$$RPN = OPR \times ESR \times DDR \quad (4-1)$$

对上述三个(或两个)因素等级的定性评分相乘后将得到 RPN 的结果,从而可对各故障模式进行相对的危害性评定。那些故障发生可能性高、故障严重程度高,又难以检出的故障模式,其 RPN 值较高,从而危害性较大;而那些故障发生可能性低、故障严重程度低,又较容易检出的故障模式,其 RPN 值较低,从而其危害性也较小。对于危害性高的故障模式,应从降低故障发生可能性和故障严重程度及提高该故障检出可能性三个方面提出改进措施。当所提出的各种改进措施在系统设计或保障方案中落实后,应重新对各故障模式进行评定,并计算新的 RPN 值,将改进后的 RPN 值对故障模式进行排队,直到 RPN 值降到一个可接受的水平。

值得指出的是,利用三个评分因素评分值相乘所得出的 RPN 进行危害性分析,在某些情况下可能会得不到明确的结果。例如,假设某故障模式和另一个故障模式的 RPN 值相同,但它们之间故障严重程度不同,严重程度高似乎更应引起注意。因此,在利用 RPN 对故障模式进行评定时,可以制定一个 RPN 的限定值,超过此限定值的故障模式均应采取改进措施。

2)危害性矩阵法

危害性矩阵法又分为定性分析法和定量分析法两种。一般而言,在不能获得准确的产品故障数据(如故障率 λ_p)时,应选择定性分析方法;若可以获得产品的较为准确的故障数据,则应选择定量分析方法。

(1)定性分析法。定性分析法将每一个故障模式的发生可能性分成离散的级别,然后按所定义的级别对每一个故障模式进行评定,这种定义从本质上说与 RPN 方法中故障发生的可能性的定义是一致的。在 GJB/Z 1391—2006《故障模式影响及危害性分析指南》标准中给出的一种故障概率等级划分,见表 4-11。

表 4-11 故障概率等级划分

等级	定义	故障模式发生概率特征	故障模式发生概率
A	经常发生	高概率	大于总故障概率的 20%
B	有时发生	中等概率	大于总故障概率的 10%,小于总故障概率的 20%
C	偶然发生	不常发生	大于总故障概率的 1%,小于总故障概率的 10%
D	很少发生	很小可能	大于总故障概率的 0.1%,小于总故障概率的 1%
E	极少发生	近乎为零	小于总故障概率的 0.1%

应当指出,按上述定义的概率等级对故障模式进行分析是较困难的,因为不知道产品发生故障的总概率,因此难以进行判断。在实际应用中最好不直接采用上述概率等级定义,而应对其进行修正,一种较好的对上述定义修正的方法是不采用上例中的相对数值,而是参照 RPN 方法中采用绝对数值定义故障发生的概率等级。

完成对故障模式发生概率等级的评定后,再应用危害性矩阵对每一故障模式进行危害性分析。

(2)定量分析法。定量分析法主要是计算故障模式的危害度 C_m 和产品的危害度 C_r。故障模式的危害度 C_m 和产品的危害度 C_r 是通过故障模式频数比和故障影响概率计算得到的。

故障模式频数比(α)是产品的某个故障模式占产品所有故障模式的比率。如果考虑某产品所有可能的故障模式,则其故障模式频数比之和将等于 1。故障模式频数比一般通过统计得出,在缺少统计数据时也可分析评估得出。故障影响概率(β)是产品在某故障模式发生的条件下,其最终影响导致“初始约定层次”出现某严酷度等级的条件概率。某一故障模式可能产生多种最终影响,分析时不但要分析这些最终影响,还应进一步指明该故障模式引起的每一种最终故障影响的百分比,此百分比即是 β。β 值的确定是代表分析人员对产品故障模式、原因和影响等掌握的程度。通常 β 值的确定是按经验进行定量估计的。

为了按单一的故障模式评价其危害性,应计算每一故障模式的危害度:

$$C_{\mathrm{m}}(j)=\alpha\times\beta\times\lambda_{\mathrm{p}}\times t \tag{4-2}$$

式中:λ_{p}为被分析产品在其任务阶段内的故障率(1/h);t 为产品任务阶段的工作时间(h);$C_{\mathrm{m}}(j)$为产品在工作时间 t 内以某一故障模式发生第 j 类严酷度类别的故障次数。

为了评价某一产品的危害性,应计算该产品的危害度:

$$C_{\mathrm{r}}(j)=\sum_{i}^{n}C_{\mathrm{m}}(j) \tag{4-3}$$

式中:$i=1,2,\cdots,n$;$j=$ Ⅰ、Ⅱ、Ⅲ、Ⅳ为严酷度类别;n 为该产品在第 j 类严酷度类别下的故障模式总数;$C_{\mathrm{r}}(j)$为某一产品在工作时间 t 内产生的第 j 类严酷度类别的故障次数。

3）危害性矩阵图

绘制危害性矩阵图的目的是比较每个故障模式的危害程度,进而为确定改进措施的先后顺序提供依据。危害性矩阵是在某一特定严酷度级别下,产品各个故障模式危害程度或产品危害度相对结果的比较,因此危害性矩阵与 RPN 一样具有指明风险优先顺序的作用。危害性矩阵图的横坐标一般按等距离表示严酷度类别(Ⅰ、Ⅱ、Ⅲ、Ⅳ),纵坐标为产品危害度 $C_{\mathrm{r}}(j)$或故障模式危害度 $C_{\mathrm{m}}(j)$或故障概率等级(当采用定性分析方法时)。绘制危害性矩阵图时首先查到 $C_{\mathrm{r}}(j)$或 $C_{\mathrm{m}}(j)$的值或概率等级在纵坐标上对应的点,再在横坐标上选取代表其严酷度类别的直线,并在直线上标注产品或故障模式的位置(利用产品或故障模式代码标注),从而构成产品或故障模式的危害性矩阵图,最终得到各产品或故障模式危害性的分布情况。

危害性矩阵图的应用是:从图中所标记的故障模式分布点向对角线(图 4－11 危害性矩阵图中虚线)作垂线,以该垂线与对角线的交点到原点的距离作为度量故障模式(或产品)危害性的依据,距离越长,其危害性越大,越需要尽快采取改进措施(如采用定性分析,此时只能按区域分析),如图 4－11 所示,图中显示产品在严酷度类别为Ⅰ时的危害性要大于严酷度类别为Ⅱ时(M_1 的距离比 M_2 距离长)。

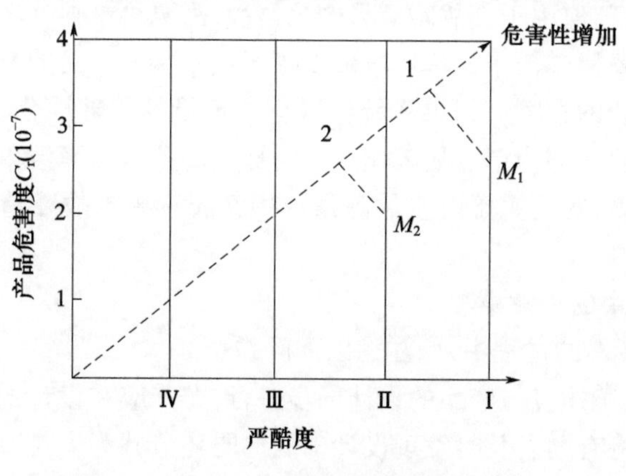

图 4－11　危害性矩阵图

4）危害性分析的表格

危害性分析的结果与 FMEA 一样，均采用填写表格的方式进行。典型的危害性分析表格见表 4-12。

表 4-12　典型的危害性分析表格

初始约定层次产品：　　任务：　　审核：　　第　页共　页

约定产品层次：　　分析人员：　　批准：　　填表日期：

代码	产品/功能标志	功能	故障模式	故障原因	任务阶段/工作方式	严酷度类别	故障概率等级/故障数据源	故障率	故障模式频数	故障模式影响概率	工作时间	故障模式危害度	产品危害度	备注
1	2	3	4	5	6	7	8	9	10	11	12	13	14	15

3. 生成 FMECA 报告

FMECA 的结果以 FMECA 报告的形式提供。在 FMECA 报告中应包括系统的原理图、功能方框图、可靠性方框图、FAEA、CA 表格、RPN 评分准则、危害性矩阵图等。

FMECA 报告中还应包括排除或降低故障影响已经采取的措施，对无法消除的单点故障和Ⅰ、Ⅱ类故障的说明，建议其他可能的补偿措施（如设计、工艺、检验、操作、维修等），以及预计采取所有措施后能取得效果的说明。为了更清楚地表述 FMECA 的结果，一般将 FMECA 结果汇总成各类故障清单。

（1）可靠性关键产品清单。可靠性关键产品是指其 RPN 值大于某一规定值或危害性矩阵图中落在某一规定区域之内的产品。根据 RPN 值或危害性矩阵图提供一份可靠性关键产品清单，以便在设计、生产、使用中进行控制。

（2）严重故障模式清单。影响严重的故障模式是指严酷度为Ⅰ、Ⅱ类或故障影响严重程度被评为 9 分或 10 分的故障模式。这些故障模式有些已在可靠性关键产品清单中体现，但由于其故障后果的严重性，需要再单独列出并加以控制。

（3）单点故障模式清单。单点故障是指系统中某一产品的某一故障模式发生后将直接导致系统的故障。如果系统已进行了定量的危害性分析，则故障影响概率等于 1 的故障模式即为单点故障模式。所提供的单点故障清单需要同时注明故障影响的严重程度，对既属于严重故障清单中又属于单点故障清单中的故障模式尤其应加以控制。

4. FMECA 中的注意事项

在实施 FMECA 的过程中，应注意以下问题：

（1）FMECA 工作应与产品的设计同步进行，尤其应在设计的早期阶段就开始进行 FMECA，这将有助于及时发现设计中的薄弱环节并为安排改进措施的先后顺序提供依据。

（2）应按照产品各研制阶段，进行不同程度、不同层次的 FMECA，即 FMECA 应及时反映设计、工艺上的变化，并随着研制阶段的展开而不断补充、完善和反复迭代。

（3）FMECA 工作应由产品设计人员完成，即贯彻“谁设计、谁分析”的原则，这是因为设计人员对自己设计的产品最了解。

（4）FMECA 中应加强规范化工作，以保证产品 FMECA 的分析结果具有可比性。复杂系统分析开始前，应统一制定 FMECA 的规范要求，结合系统特点，对 FMECA 中的分析约定层次、故障判据、严酷度与危害性定义、分析表格、故障率数据源和分析报告要求等均应统一规定并必要说明。

（5）应对 FMECA 的结果进行跟踪与分析，以验证其正确性和改进措施的有效性。这种跟踪分析的过程，也是逐步积累 FMECA 工程经验的过程。一套完整的 FMECA 资料是各方面经验的总结，是宝贵的工程财富，应当不断积累并归档，以备查考。

（6）FMECA 虽是有效的可靠性分析方法，但并非万能。它们不能代替其他分析工作。特别应注意，FMECA 一般是静态的单一因素分析方法，在多因素分析和动态分析方面还不完善，若对系统实施全面的分析还应与其他分析方法相结合。

（7）FMECA 着重于高风险故障模式的主要目的是通过有效可执行的计划去处理这些故障模式。

（8）FMECA 发现的故障模式并不是试验计划或过程控制的一部分，但应该使其结果能够充分影响它们。

（9）数据表明大量的现场故障发生在接口或系统集成上，因此在 FMECA 框图和分析过程中应该包括集成和接口的故障模式。

（10）FMECA 应与现场数据（经验教训）建立联系，这些数据是定义故障模式的重要依据。FMECA 表应该按规定完整填写，包括设计改进措施/使用补偿措施以及最终的风险评估，而不应该有任何缺漏。

4.4.3　故障树分析

1. 概述

虽然在系统设计和使用阶段人们已经对故障进行了预防和控制，但是故障依然不可避免。1961 年，美国贝尔实验室在“民兵”导弹的发射控制系统可靠性研究中首先应用故障树分析技术，并获得成功；从 1966 年开始，美国波音公司将故障树分析技术应用于民用飞机领域；1974 年，美国原子能委员会在核电站安全评价中主要应用的也是 FTA 技术。这种图形化的方法从其诞生开始就显示了巨大的工程实用性和强大的生命力，并逐步形成了完整的理论、方法和应用分析程序（图 4-12）。故障树方法作为一种顶层的分析方法，对于分析环境引起的故障也是一个有效的工具。

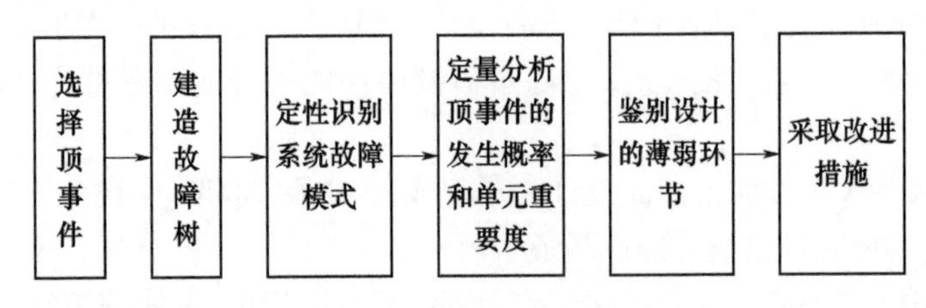

图 4－12　FTA 的流程

故障树分析法是以不希望发生的、作为系统失效判据的一个事件(顶事件)作为分析的目标,第一步去寻找所有的引起顶事件的直接原因,第二步去寻找引起上述每一个直接原因的所有直接原因,以下同理,一层一层地找下去。如果原因甲或乙发生会引起上一级事件发生,就用逻辑或(OR)门把它们和上一级事件连起来;如果原因甲或乙合在一起发生才引起上一级事件,就用逻辑与(AND)门连起来。通过这样逐层向下推溯所有可能的原因(每层只找必要而充分的直接原因,而且每一层必须找全,才能再往下一层找),直到不需要再进一步分析下去为止。这样,就可以找出系统内可能发生的硬件失效、软件差错、人为失误、环境影响等各种因素(底事件)和顶事件所代表的系统失效之间的逻辑关系,并且用逻辑门符号连成一棵倒立的树状图形,这就是故障树,或称为故障原因树。建成故障树后,再定性分析各个底事件对顶事件发生影响的组合方式和传播途径,识别以顶事件为代表的各种可能的系统故障模式,以及定量计算这些影响的轻重程度,算出系统失效概率和各个底事件的重要度次序。根据分析结果,鉴别设计上的薄弱环节,并采取措施加以改进,提高产品的可靠性。

2. 建造故障树

建造故障树是 FTA 的基础和关键。建树是否正确和完善直接影响定性、定量分析的结果。故障树应当是实际工程系统故障组合和传递的因果逻辑关系的正确抽象。建树工作十分庞大繁杂,要求建树者对于系统及其各组成单元和各种影响因素有透彻的了解,所以要求系统设计、运行操作、维修保养和可靠性、安全性分析方面的专家密切合作。建树过程又往往是一个多次反复、逐步深入、逐步完善的过程。在这个过程中发现薄弱环节,采取改进措施,以提高系统可靠性。建树有一系列的故障树符号,常用的有以下几个:

与门:全部输入存在时才有输出。

或门:至少一个输入存在时即有输出。

事件说明:底事件(基本事件和未展开事件)以外的其他事件的说明。

基本事件:不能再分的事件,代表元部件失效或人为失误等。

建树者必须熟悉系统设计说明书和运行、维修规程等有关资料,透彻掌握系统设计意图、结构、功能、接口关系、环境条件等失效判据,根据任务确定分析的目标选择顶事件。已经发生的事件就是顶事件,无须选择。FTA 更多地用于预想可能发生的系统失效并分析其原因,这时有正确选择顶事件的问题。一般应在 FMECA 基础上对可能发生的系统故障分类排队,从中选择顶事件。一般按照系统、分系统、设备三级,分层建树。但应注意全系统、分系统都必须先从总体考虑,以指导下级建树,并要特别注意各部门之间的接口,以及软硬件界面,避免漏项,还应审查它们出故障的事件是否统计独立。

演绎法建树应遵循以下规则。

(1) 明确定义分析对象和其他部分的边界,同时做出一些合理的假设条件(如假设电源或水源为无穷大等),从而由真实系统图得到一个主要逻辑关系等效的简化系统图,并据此进行建树。

划定边界、合理简化是完全必要的。这将帮助分析者抓住重点而不致过分分散精力,因为不可能分析一个复杂对象的一切联系和一切影响因素。同时又要非常慎重,避免主观地把看来“不重要”的底事件压缩掉,把要寻找的隐患漏掉。

(2) 故障事件应严格定义。为了正确确定故障事件的全部必要而充分的直接原因,各级故障事件都必须严格定义。应当明确表述“是什么故障”以及“故障是在何种条件下发生的”,如“开关合上后灯泡不亮”。

设备故障可分为三类:本质故障、诱发故障和指令性故障。本质故障是在设计工作应力和环境条件内,由于设备本身而发生的故障。诱发故障是由于超出规定应力或环境条件而发生的故障。指令性故障则指设备正常动作,只是动作时间或动作位置错误。凡不属于设备本身失效而导致的故障均为系统状态故障。分清故障事件的必要而充分的直接原因也是重要的。建树时不允许逻辑混乱和条件矛盾。

(3) 从上向下逐级建树。建树应从上向下逐级进行,在同一逻辑门的全部必要而充分的直接原因事件未列出之前不得进一步展开其中任何一个事件。每一层只找直接原因,并且要全部找出。同一个层次可能有多个逻辑门和事件,必须逐一找全才能再向下一层次去找。这样严格的循序渐进是为了防止错和漏,否则,到建造完一棵大故障树再来查中间是否有错和漏是极其困难的。FTA 是一种严格的层次分析,每一步只找直接原因。避免直接和间接原因混到一起,找不清问题。

(4) 建树时不允许逻辑门与逻辑门直接相连。建树时不允许不经定义结果事件而将逻辑门与逻辑门直接相连。每一个逻辑门的输出 (结果事件)都应清楚定义并写在长方形框中。为了故障树的向下发展,必须用等价的比较具体的直接事件取代比较抽象的间接事件。这样在建树时可能形成不经任何逻辑门的事件 - 事件串,那也要逐一定义并写在长方形框中。

(5) 处理共因事件。共同的故障原因事件会引起不同的部件故障甚至不同的系统故障。共同故障原因事件简称共因事件。鉴于共因事件对系统故障发生概率影响很大,共因故障使得冗余无效,所以在建树时必须妥善处理共因事件。若某个故障事件是共因事件,则对故障树不同分支中出现的该事件必须使用同一事件标号;若该共因事件不是底事件,必须使用相同转移符号简化表示。故障树建成后,要检查几遍,尽可能把逻辑上冗余的不必要重复的部分删去,这样避免陷入故障事件及其可能的多种组合中。

示例:根据机油散热器罩的安装结构,以机油散热器罩漏水为顶事件,建立故障树。导致顶事件发生的直接原因包括:①设计方面原因;②工艺方面原因;③产品质量方面原因。这三种情况有任一条或一条以上出现时,会造成机油散热器罩漏水。所以它们和顶事件之间用逻辑或(OR)门连接。把这三条找全弄清楚,就可以再往下追溯一步。

“设计方面原因”的必要而充分的直接原因是结构设计问题。“工艺方面原因”的必要而充分的直接原因是装配问题。“产品质量方面原因”的必要而充分的直接原因包括:①附件托架质量原因;②机油散热器罩质量原因;③机油散热器衬垫质量原因,三者作为或门输入事件“产品质量方面原因”。

总结以上的演绎分析结果,可以建成机油散热器罩漏水故障树,如图 4 – 13 所示。

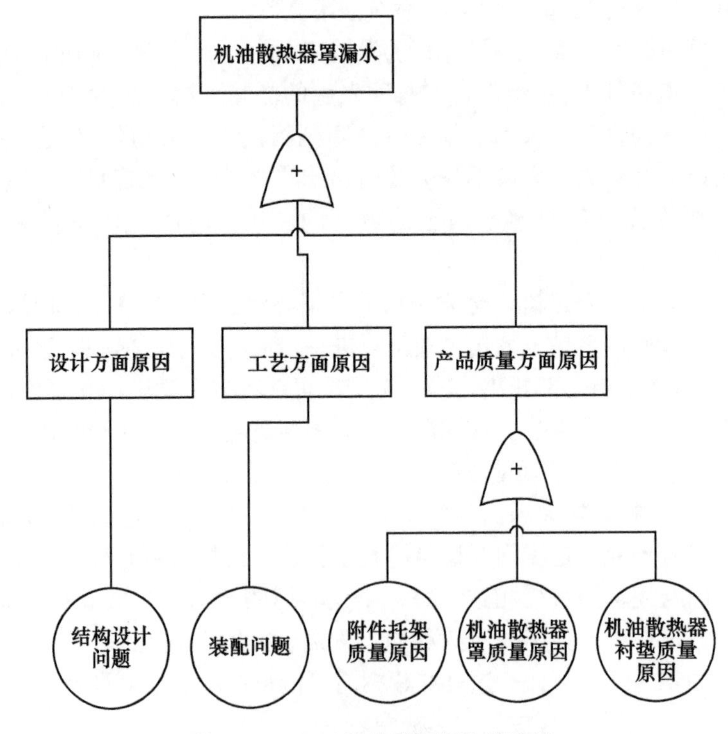

图 4 – 13　机油散热器罩漏水故障树

3. 故障树的表述

由于现实的系统错综复杂,建造出来的故障树也因人而异,大不相同。为了能用标准的程序对各种不同的故障树进行定性、定量分析，应将建好的故障树变为规范化的故障树，给出故障树数学描述，并尽可能对故障树进行简化和模块化，以便减少定性、定量分析工作量。

1）故障树的规范化、简化和模块分解

规范化故障树是仅含有基本事件、结果事件（顶事件和中间事件）以及“与”“或”“非”三种逻辑门的故障树。如果不含“非”门则称正规故障树，它具有单调关联性；含有“非”门的故障树是非单调关联故障树。故障树简化是根据布尔代数吸收律、幂等律、互补律，可以去掉故障树中明显的逻辑多余事件和逻辑多余门，减少定性、定量分析工作量。故障树模块分解是按照模块定义，找出故障树中尽可能大的模块。每个模块构成一棵模块子树，可以单独进行定性、定量分析。对每棵子树用一个等效的虚设事件表示，可以使原故障树规模（以逻辑门和底事件总数表示）缩小。模块化可以大大节省 FTA 工作量。

2）故障树数学描述和布尔代数规则

正规故障树和非单调关联故障树的结构函数定义为

$$y=\boldsymbol{\Phi}(X_1,X_2,\cdots,X_n)=\boldsymbol{\Phi}(\boldsymbol{X})=\begin{cases}1,\text{顶事件发生}\\0,\text{顶事件不发生}\end{cases}\tag{4-4}$$

式中：n 为故障树底事件数目；y 为描述顶事件状态的布尔变量；$X_1,X_2,\cdots,X_n$ 为底事件状态的布尔变量，即

$$X_i=\begin{cases}1,\text{第 } i \text{ 个底事件发生}\\0,\text{第 } i \text{ 个底事件不发生}\end{cases}\quad(i=1,2,\cdots,n)$$

显然，$\boldsymbol{\Phi}$ 是布尔函数，$\boldsymbol{X}$ 是 n 维布尔向量。为简单起见，底事件 X_i 和它的状态变量用同一符号。

在所有底事件互相独立的条件下，顶事件发生的概率 Q 是底事件发生概率 q_1，$q_2,\cdots,q_n$ 的函数，称为故障概率函数，有

$$Q=Q(q_1,q_2,\cdots,q_n)\tag{4-5}$$

$$Q=P_{\mathrm{r}}[\boldsymbol{\Phi}(\boldsymbol{X})=1]$$

$$Q_i=P_{\mathrm{r}}[X_i=1](i=1,2,\cdots,n)$$

割集是单调故障树的若干底事件的集合，底事件的发生将导致顶事件发生。最小割集 MCS 是其中所含的底事件数目不能再少的割集，即在最小割集中去掉任何一个底事件之后，剩下的底事件集合就不是割集了。一个最小割集代表引起故障树顶事件发生的一种故障模式。

对于单调故障树，若已知其所有最小割集为 $C_1,C_2,\cdots,C_n$，则该故障树结构函数可以表示为

$$y=\boldsymbol{\Phi}(X_1,X_2,\cdots,X_n)=\bigcup_{k=1}^{r}C_k=\bigcup_{k=1}^{r}\bigcap_{i\in C_k}X_i\tag{4-6}$$

其中，每个最小割集用其所有的底事件状态变量的布尔积表示。式(4-6)是

单调故障树结构函数的积之和的最简单布尔表达式。

在正规故障树和非单调关联故障树定性、定量分析中需应用布尔代数的若干规则，表 4 - 13 为二元布尔代数的若干规则，表 4 - 14 给出了故障树定性、定量分析中需应用的布尔代数的若干规则。

表 4 - 13　二元布尔代数的若干规则

	布尔代数规则
并(或门)	$A \cup B$
交(与门)	$A \cap B = AB$
补(非门)	$\overline{A}$
德・摩根律	$\overline{AB} = \overline{A} \cup \overline{B}$ $\overline{A \cup B} = \overline{A}\,\overline{B}$
吸收律	$A \cup AB = A$
幂等律	$A \cup A = A$ $AA = A$
归并律	$AB \cup A\overline{B} = A$

表 4 - 14　多元布尔代数的若干规则

	布尔代数规则
并(或门)	$X_{ij} \cup Y_{im}$ $\bigcup\limits_{j=1}^{n_i} X_{ij} = 1$
交(与门)	$X_{ij} \cap Y_{im} = X_{ij} Y_{im}$ $X_{ij} \cap X_{ik} = \begin{cases} 0(j \neq k) \\ X_{ij}(j = k) \end{cases}$ $X_{ij} \cap \overline{X_{ik}} = \begin{cases} X_{ij}(j \neq k) \\ 0(j = k) \end{cases}$
补(非门)	$\overline{X_{ij}} = \bigcup\limits_{k=1}^{n_i} X_{ij}(k \neq j)$
德・摩根律	$\overline{X_{ij}\ Y_{im}} = \overline{X_{ij}} \cup \overline{Y_{im}}$ $\overline{X_{ij}} \cup \overline{Y_{im}} = \overline{X_{ij} Y_{im}}$

4. 定性分析

故障树定性分析的目的在于寻找导致事件的原因和原因组合，即识别顶事件所代表的所有系统故障模式。正规故障树的系统故障模式用最小割集表示。定性分析是用下行法或上行法求出故障树的布尔视在割集(BICS)，再经布尔简化，得出故障树的所有最小割集(MCS)。

1) 下行法求最小割集

下行法求最小割集是根据已经规范化的故障树(只有"与""或"逻辑门)实际结构,从顶事件开始,逐级向下寻查,找出布尔视在割集。就上、下相邻两级来看"与"门只增加割集阶数(割集中的底事件数目),不增加割集个数。"或"门只增加割集个数,不增加割集阶数。所以在下行过程中,顺次将逻辑门的输出事件置换为输入事件。遇到"与"门就将其输入事件排在同一行,取输入事件的交(布尔积);遇到"或"门就将其输入事件各自排成一行,取输入事件的并(布尔和),这样逐级下行直到全部换成底事件为止,得到故障树的布尔视在割集。再按照最小割集定义,通过两两比较,划去那些非最小割集,剩下的即为故障树的全部最小割集。

2) 上行法求最小割集

上行法是从底事件开始,自下而上逐步进行事件集合运算,将"或"门输出事件表示为其输入事件的并(布尔和),将"与"门输出事件表示为输入事件的交(布尔积)。这样向上层层代入,在逐步代入过程之中或之后,按照布尔代数吸收律和幂等律来化简,将顶事件表示成底事件积之和的最简式。其中每一个积项对应于故障树的一个最小割集,全部积项即是故障树的所有最小割集。

故障树定性分析的结果是求得的全部最小割集。它的基本用途在于识别导致顶事件的所有可能的系统故障模式。这种基于严格演绎逻辑求得的系统故障模式和根据系统故障履历,或个人经验所得到的认识有原则性差别;后者限于事后经验,前者可以事前推理;后者可能有所遗漏,前者在原则上可以保证完整性。因而有助于判明潜在的故障,避免遗漏重要的"想不到的"系统故障模式,有助于指导故障诊断和制订使用维修方案。

在工程上往往遇到数据不足的情形,在这种条件下,定性分析还是有用的,不但可以识别导致顶事件的所有可能的故障模式,还可以进行定性比较。根据每个底事件最小割集所包含事件数目(阶数)排序。假设各个底事件(故障事件)发生概率都比较小,彼此的差别相对不大,则在此假设条件下,阶数越低的最小割集越重要;在考虑最小割集阶数的条件下,在不同最小割集中重复出现次数越多的底事件越重要。这样可以定性分析系统中的薄弱环节。为了节省分析工作量,在工程上可以忽略阶数大于指定值的最小割集来近似分析。而所有的一阶最小割集都是"单点失效"环节,单个底事件即可导致顶事件发生,所以危害最大,必须重点分析,采取对策。

5. 定量分析

故障树定性分析是进一步定量分析的基础,如果能对故障树中各个底事件的概率进行推断,接下来就应该进行定量分析。即使是在实际的故障定量数据往往难以得到的情况下,也在一定的假设条件下,可以进行定量分析,这有助于提高故障树分析的深度。

定量分析包括两方面的任务，就是在底事件互相独立和已知底事件发生概率的条件下，计算顶事件发生概率（即以顶事件为判据的系统的失效概率）和底事件（部件）重要度。

前面已经介绍了故障树结构函数和故障概率函数，说明结构函数可以用全部最小割集表示为积之和最简布尔表达式。就是说，顶事件等于全体最小割集的并事件，只要有一个或一个以上最小割集中所有底事件都发生，则顶事件必发生。假设最小割集中底事件互相独立，那么底事件概率乘积就等于那个最小割集事件发生概率（根据概率论乘法定理）。但由于各个最小割集不是互不相容的，有些最小割集还含有相同的底事件，所以全体最小割集的并事件（顶事件）发生概率不能简单地等于各个最小割集发生概率的和。如用容斥公式计算，其项数随最小割集个数的指数增长，计算量太大。一般把全体最小割集不交化，化为两两互斥的，然后再把它们的概率直接相加得到顶事件发生概率（根据概率论加法定理，互不相容事件的并事件概率等于各项概率相加），这一过程中就要使用不交型布尔代数作为工具。通过求全部最小割集的不交和计算顶事件发生概率准确值的方法是比较麻烦的。工程中可以采用通过求不交和近似、独立近似、相斥近似的方法来计算顶事件发生概率。

4.5 装甲车辆高原试验条件要求

装甲车辆高原地区适应性试验场区建设，应是在装甲车辆基本性能试验场区建设标准 GJB 7766.1 的基础上，根据高原环境对装甲车辆性能的影响，吸收以往高原地区试验的经验，同时满足现役装甲车辆试验需求，也应根据未来可能发展进行规划建设。装甲车辆高原地区适应性试验场区的建设应能满足装甲车辆高原地区性能测试、可靠性试验的要求，应能满足测试设备误差测试和鉴定测试的要求，应本着布局合理、技术先进、经济适用、安全保密、因地制宜、兼顾发展和综合利用的原则，应有足够的地幅，地形条件应便于试验道路、专用设施等试验设施的建设，应有方便、顺畅的交通和通信条件，指挥控制系统、数据采集处理系统应适应试验场信息化管理和信息化建设发展的要求，应符合国家和军队现行有关标准的规定。

4.5.1 场址选择与总体布局

1. 场址选择

场区选址应满足 GJB 848—1990《装甲车辆设计定型试验规程》和 GJB 59.58A 及其所列试验项目对应的性能试验标准的相关要求。场区选址除应满足装甲车辆试验对高原地区适应性试验场区建设的要求外，还应满足国家战略部署和军队安全、保密的相关要求；场区海拔高度应为 3000 ~ 5000m；场区供水水源应安全可靠。雨水、污（废）水便于排放。场区附近河流、水域对场区无水患威胁，场区内及附近无大型有开采价值的矿藏，并应避开地质灾害多发地带；场区选址宜远离国家经济建设重点规划区域和民宅，应考虑场区的长期建设和发展；场区应选择在平坦开阔地带与丘陵地带接合部，便于场区内修建试验道路、专用试验设施和武器系统试验设施等；试验气象环境条件应能满足装甲车辆高原地区试验的要求；场区附近宜有保障试验的用水、用电等基础设施；场区电磁环境应不影响试验，应远离无线广播电台、干扰台、高压电线、电气化铁路线、发电站及大型钢厂电磁干扰源等。

2. 总体布局

场区主要包括平坦试验区域、丘陵试验区域、指挥及保障区域。平坦试验区域主要用于越野试验道路、机动性能试验道路、地形通过性试验设施、暴晒试验设施、隐蔽性能试验设施、指控通信系统试验设施、作业装置试验设施、低气压环境实验室试验设施的建设，试验场区应选在地势开阔、平坦，附近没有高大建筑物和森林，风向比较稳定的地域。丘陵试验区域主要用于连续长坡路、武器系统射击试验设施场地的建设。指挥及保障区域位于平坦试验区域中心地带，主要用于指挥控制系统、附属保障设施的建设。在满足各项技术要求和使用要求的前提下，应科学规划、合理布局，相关工程项目宜合并建设，减少占地和建筑面积，节约开支。

4.5.2 主要设施建设标准化要求

根据装甲车辆高原地区适应性试验设施需求和特点，试验场区主要设施建设可划分为试验道路、专用试验设施及附属试验设施。

1. 试验道路

1）越野试验道路

越野试验道路一般包括砂石路、起伏土路、坑洼路等典型越野路面及弯道、陡坡、凸岭、侧坡等随机复杂地形。全长应不小于5000m，且构成环形，路面平均宽度应不小于7m，最大纵坡应不大于20°。砂石路试验道路长度应不小于3000m，宽度应不小于7m。起伏土路试验道路长度应不小于3000m，宽度应不小于7m，设有5°～15°的纵坡分布。砂石试验路示意图如图4-14所示。

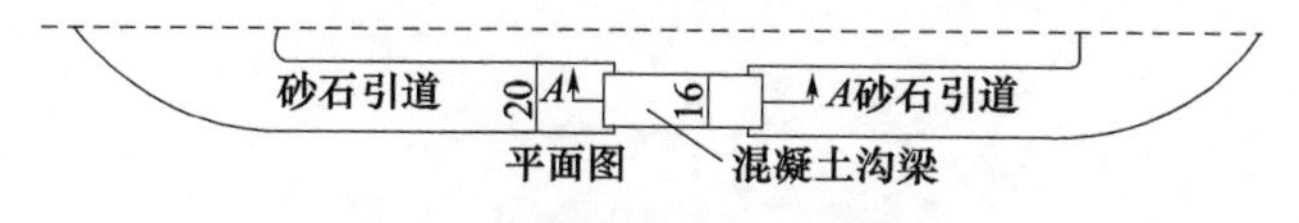

图4-14 砂石试验路示意图(单位:英尺)

2）性能试验道路

性能试验道路一般包括机动性能试验道路和连续长坡路。机动性能试验道路全长应不小于2200m，其中直线段长度应不小于1500m；宽度应不小于9m；纵向坡度应不大于1%；水泥混凝土铺装；两端应有半径不小于13m的车辆调头场地。连续长坡路全长应不小于6000m；宽度应不小于7m；设有5°～15°的纵坡分布；水泥混凝土铺装。高原机动性能试验道路示意图如图4-15所示。

图 4-15　高原机动性能试验道路示意图

2. 专用试验设施

专用试验设施根据地形通过性试验、暴晒试验、隐蔽性能试验、武器系统试验、指控通信系统试验、作业装置试验和低气压环境模拟试验等特定的高原地区试验项目、试验条件要求进行建设规划，一般包括地形通过性试验设施、暴晒试验设施、隐蔽性能试验设施、武器系统试验设施、指控通信系统试验设施、作业装置试验设施和低气压环境试验设施。

1）地形通过性试验设施

地形通过性试验设施一般包括纵坡、侧倾坡、壕沟、崖壁、断崖、土岭和弹坑。地形通过性试验设施建设要求应符合 GJB 7766.1 的规定。纵坡道示意图如图 4-16所示。

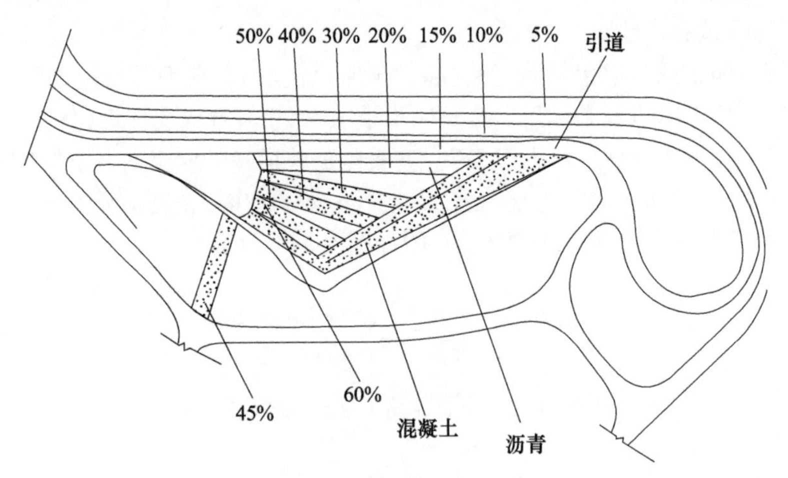

图 4-16　纵坡道示意图（百分数表示坡度）

2）暴晒试验设施

暴晒试验设施建设要求应符合 GJB 59.74—2004《装甲车辆试验规程　第 74 部分：暴晒试验》的规定。

3）隐蔽性能试验设施

隐蔽性能试验设施建设要求应符合 GJB 59.92—2012《装甲车辆试验规程　第92部分:隐蔽性能试验》的规定。

4）武器系统试验设施

武器系统试验设施一般包括射击靶道、靶位、炮位、地下隐蔽所以及附属道路。射击靶道长、宽应不小于5000m、3000m，应符合 GJB 59.41—1992《装甲车辆试验规程　首发命中概率测定》的规定。靶位一般包括静止目标靶位和移动目标靶位，建设要求应符合 GJB 59.41—1992 的规定。炮位建设要求应符合 GJB 59.41—1992 的规定。地下隐蔽所至靶位的距离应不小于150m，空间长、宽、高应不小于3m、3m、2m。装甲车辆行进间对固定目标射击示意图如图4－17所示。

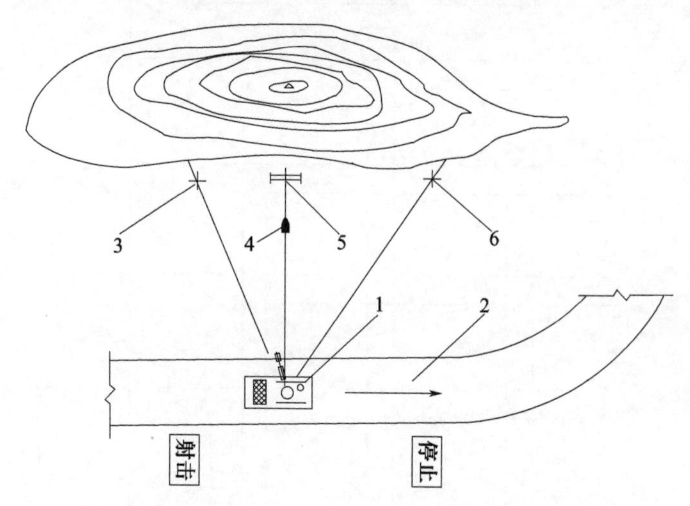

图4－17　装甲车辆行进间对固定目标射击示意图

1—装甲车辆;2—跑道;3—射角标志点;4—射弹;5—靶板;6—射角标志点。

5）指控通信系统试验设施

指控通信系统试验设施建设要求应符合 GJB 59.75—2007、GJB 59.80—2011、GJB 59.81—2011、GJB 59.90—2012 的规定。

6）作业装置试验设施

作业装置试验设施建设要求应符合 GJB 59.43—1992、GJB 59.69—2004、GJB 59.77—2008、GJB 81.16—1985 的规定。

7）低气压环境试验设施

低气压环境实验室试验设施试验空间长、宽、高应不小于16m、8m、6m;压力调节范围101～50kPa;车辆停放后室内四周及上方至少留1m空间。

3. 附属试验设施

考虑到高原适应性试验场区的建设规模由场址选择、经济条件等多方面因素决定,而附属设施受试验场区建设规模等的影响较大,因此场区附属设施的建设要求应根据高原地区相关设计规范及试验场区建设规模提出，应根据试验场区当时的实际建设环境和情况进行具体设计，一般包括供水供电设施、指挥楼、保养间、修理间、洗消间、充电间、机加间、器材库、油库及加油站、保障路面、通信设施、安保系统和道路指示、标示、标牌、标线、夜间照明设施等。

装甲车辆综合射击场地示意图如图 4－18 所示。

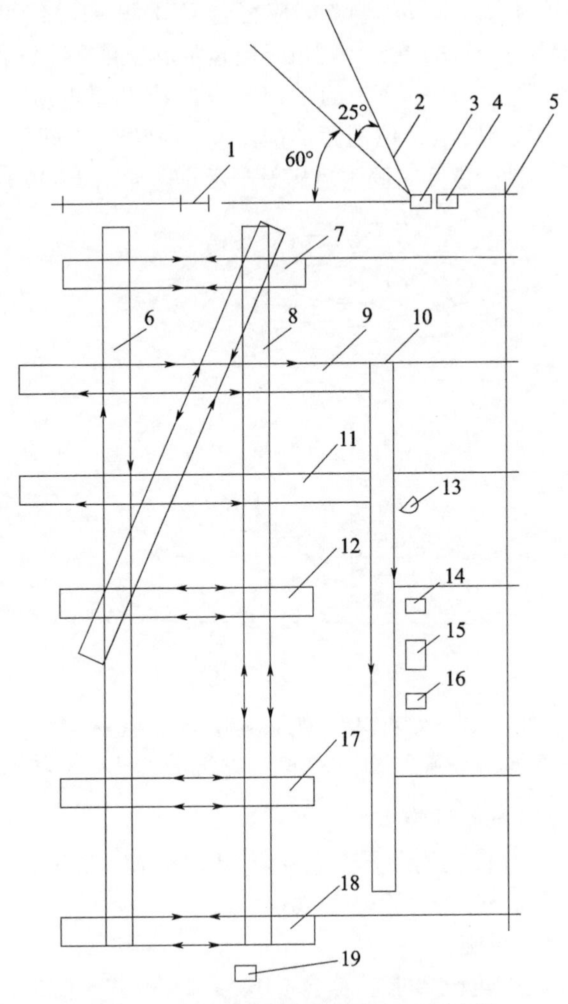

图 4－18 装甲车辆综合射击场地示意图

1—固定靶；2—活动靶轨道；3—活动靶牵引间；4—活动靶动力间；5—距离标识；6—左纵向跑道；7—射距 500m 横向跑道；8—右纵向跑道；9—射距 1000m 横向跑道；10—辅助跑道；11—射距 1500m 横向跑道；12—射距 2000m 横向跑道；13—照明设备；14—指挥间及生活场所；15—修理场所；16—变电所；17—射距 3000m 横向跑道；18—射距 4000m 横向跑道；19—指挥间及生活场所。

第5章　典型装甲车辆高原试验与评价

5.1　试验基本情况

5.1.1　试验论证

论证过程中，对目前高原装甲部队承担的主要作战任务，装甲装备在高原地区特殊环境的影响下性能变化特点等进行了研究，论证了进行装甲装备高原地区试验的必要性。对16类68型装甲装备进行了清查摸底，结合执行高原作战任务的装甲装备配置、前期进行过的装甲装备高原地区适应性试验的情况，按照装甲装备承担作战任务的类型，规划了参加高原试验的样车类型以及数量。在对高原地区装甲装备的作战任务、近年来装甲装备发展现状进行通盘考虑的基础上，确定了参加高原地区试验装甲装备的选型原则，即未进行高原地区适应性试验的装甲装备；对于基型底盘相同的保障装备，选取吨位最大、配置完善的保障装备；装甲指控、通信、侦察装备按系统选型。

同时，结合装甲装备在部队高原训练、演习，高原地区适应性设计定型试验过程中暴露出的主要问题，进行数据分析，研究问题机理，提出改进措施，并在模拟高原环境实验室进行台架试验验证。

针对坦克在高原训练、演习过程中出现的发动机汽缸垫、汽缸盖烧蚀和拉缸故障，以及起动困难等使用问题，进行了原因分析，提出了四项改进措施，分别为改进喷油器、增加节温器、增加进气加温装置、更换大流量增压器。针对发动机高原模拟台架试验过程中，在海拔4500m条件下，发动机排温已超过650℃（限制值）的情况，对发动机实施减油20%的技术改进。

为使导弹性能满足海拔4500m的使用要求，对炮射导弹实施了改进，在保持原弹外形尺寸及主要系统不变的基础上，将控制系统由模拟电路改为数字电路，并优化控制参数，以改进其高原适应性，同时兼顾平原的使用。

5.1.2　试验筹划

试验筹划主要进行了试验大纲编制评审、试验场地勘察设置、参试装备改进及恢复、测试仪器研制及传感器布置、后勤物资准备等工作。

1. 试验大纲编制

按照参加高原地区试验装备的类型,在试验前编制试验大纲。对试验场地、试验里程、试验条件、试验项目等进行规定。试验里程的设置考虑到试验的性质为科研摸底,同时,结合作战剖面要求,将试验里程定为500~800km。试验海拔高度范围为4480~5019m。针对机动性能、武器系统性能、人机环境性能、指控通信性能、侦察性能、技术保障装备作业装置进行了试验项目的设置。

在机动性能方面,为了能够覆盖不同结构形式的装甲车辆,不仅考虑了坦克、步兵战车等,对于基型底盘上扩展形成的履带装甲抢救车、轮式装甲抢修车、履带装甲综合信息车等装备的试验中均安排了机动性能测试项目。

在武器系统性能方面,重点进行直瞄武器系统和炮射导弹的高原适应性试验。在两型炮射导弹的试验项目设置方面,主要对武器系统及导弹的基本性能、炮射导弹飞行状态及命中概率进行试验。

在人机环境性能方面,选取承担不同作战任务的典型装备进行高原适应性试验,试验项目设置为乘载员持续工作能力试验、制氧装置试验、人员工效对比试验。涉及的车型为坦克、一体化信息系统承载平台、轮式装甲侦察车、技术保障装备。

指控通信性能、侦察性能、技术保障装备作业装置性能试验针对相应承担专业任务的装备进行。

2. 试验场地勘察设置

试验场地选取海拔4463~5019m的高原草地,具有10°~26°的自然土坡、5000m射击场地以及行驶场地。行驶场地周长约8.4km,道路较平坦,沿通道行驶可至海拔为5019m,具备5000m通过性试验条件;地理条件为典型的高山宽谷地带和高山峡谷地带交错,可进行电台通信距离试验。气候特点为夏秋季多夜雨,冬季干燥多风;空气稀薄,含氧量少;光照充足,辐射强烈;气温偏低,日温差大,年温差小;四季不明显,冬季干湿分明;年极端最高温度26.4℃,最低温度-25.8℃,年平均温度1.5℃,年平均相对湿度43%。

3. 试验测试仪器准备

按照试验项目的设置,在试验准备阶段,制定了试验测试方案,进行了试验测试车、测试仪器、传感器的准备和布置工作。

试验测试总体方案按照试验环境测试、机动性能测试、动力系统测试、武器系统测试、人机环境系统测试、指控通信系统测试、侦察系统测试、技术保障系统测试等专项进行展开,在各专项中,分别选定了测试仪器、制定了测试方法。

1)试验环境测试

试验环境测试系统包括气象车、单兵气象站、双轨路形计等。气象车可对试验场区及周边的气象数据进行测试、分析,并可接收气象部门及卫星的实时数据。单兵气象站可按照国军标相关要求,对试验场区内的实时气象环境进行测量、记录,测试参数包括温度、湿度、风速、大气压力、雨量等。双轨路形计可对试验路面的不平度进行测量。

2）机动性能测试

在机动性能方面，使用VBOX测试系统，对最大速度、加速时间进行测试。为了精确地对高原环境下装甲车辆的燃油消耗量进行测试，设计开发了体积小巧、方便安装、适应装甲车辆野外测试的车载流量测试单元。

3）动力系统测试

针对高原条件对动力系统影响较大，充分考虑测点特点和特殊的应用环境，设计了“单元独立、功能分层、开放分布、柔性组合”的测试系统，分为感知层、调理采集层、传输层、数据融合层、管理应用层。整个测试系统可以分为车载测试温度单元、车载测试排温单元、车载测试压力单元、车载测试流量单元、车载测试转速单元、车载测试显示单元、车载测试主控单元以及车载测试电源单元。

4）武器系统测试

在武器系统性能方面，基于高原特殊环境，对弹道的飞行特性进行了测试和研究，并构建了由全站仪、高速摄影机、多普勒测速雷达等设备组成的测试系统，主要进行弹道高测试、跳角测试、初速测试。

5）人机环境系统测试

在人机环境测试方面构建了装甲车内微环境测试系统和人员工效测试系统，对车内的振动、噪声、有害气体等参数和人员血氧、血压、心电等身体参数进行同步测试，实现对人机工效的全面评价。

6）指控通信系统测试

在指控通信系统性能方面，基于高原环境对通信性能的影响因素分析，构建了由电磁环境监测设备、频谱分析仪、驻波比测试仪、矢量网络分析仪和战术互联网电台专用测试仪等仪器组成的野外指控通信性能测试系统，对试验场地电磁环境进行监测，对战术互联网电台驻波比、功率等主要电性能、接收射频信号强度、天线合路器插入损耗等进行测试。

7）侦察系统测试

在侦察系统性能方面，基于高原环境对无人侦察机弹射性能及飞行的影响因素分析，构建了手持雷达测速仪、数显压力表等仪器组成的无人侦察机初速及弹射架压力测试系统，对无人机弹射初速、无人机储罐压强进行测试；由于高原环境下手摇雷达目标反射体测试比较困难，研制了电动雷达目标反射体，对雷达探测距离进行测试。

8）技术保障系统测试

针对技术保障装备的自发电装置、电焊设备、车载逆变快速充电机等电气设备及装置的性能测试和可靠性试验，构建了装甲车辆交流移动电站测试系统，对电气设备和装置的电压、电流、功率、频率等静态参数进行测量，进行电压、频率波动及整定试验。

5.1.3 试验实施

试验期间最高气温 20℃左右,最低气温 3℃左右,平均相对湿度 22.4% ~ 91.8%,最大风速 13.6m/s。试验场地海拔高度为 4480 ~ 5019m。参试装备共计 9 类 19 辆,完成试验项目 194 项,完成试验行驶里程 10000 多千米,发射弹药 400 多发。高原试验项目情况见表 5-1。

表 5-1 高原试验项目情况

试验样车类型	完成试验内容
中型坦克	加速特性与最大速度试验、纵坡通过性能试验、平均速度测定、相互牵引能力试验、发动机燃油消耗量测定及最大行程计算、持续行驶性能试验、起动性能试验、动力传动装置冷却试验、发动机热平衡试验、蒸汽活门固封试验、无水冷却液行驶试验、轻柴油机动性能试验、海拔 5000m 条件下通过性试验、乘员持续工作能力试验、制氧装置性能试验、射击试验
重型坦克	加速特性与最大速度试验、纵坡通过性能试验、平均速度测定、发动机燃油消耗量测定及最大行程计算、持续行驶性能试验、起动性能试验、发动机热平衡试验、动力传动装置冷却试验、无水冷却液行驶试验、机油行驶对比试验、乘员高原持续工作能力试验、高原平原任务剖面人员工效对比试验、海拔 5000m 条件下通过性试验
炮射导弹及改进型	火炮技术参数测试、制导火控系统静态技术参数测试、导弹技术参数测试、信息场技术参数测试、导弹命中概率射击试验、导弹发射及飞行可靠性统计和导弹外弹道飞行姿态监测
技术保障装备	机动性能试验、绞盘适应性试验、展开撤收时间测定、随车液压起重装置适应性试验、油料补给装置适应性试验、液压无齿锯适应性试验、车载快速充电机性能试验、车载起动/焊接多功能电源性能试验、电气设备性能试验、刚性牵引试验、人机环境工程试验、高压空气压缩机适应性试验
一体化信息系统承载平台	通信设备主要电性能参数测试、通信能力试验、指挥控制能力试验、情报处理能力试验、车内通信性能试验、导航定位系统功能试验、敌我识别系统试验、机动性能试验、人机环境工程试验、激光告警装置试验、三防装置试验、车载柴油发电机组高原性能测试、连续工作能力试验、综合组网试验
装甲侦察车	机动性能试验、光学侦察精度试验、雷达侦察性能试验、无人机性能试验、桅杆性能试验、武器系统性能试验、电气系统性能试验、微波电视传输试验、敌我识别性能试验、导航定位系统性能试验、情报处理与侦察管理性能试验、防护性能试验、系统持续工作试验、人机环境工程试验、车内协同能力试验、互联互通试验、通信距离试验

5.1.4 试验结论

1. 动力传动系统

在高原环境下,参加的装甲车辆均存在发动机功率下降、热负荷增加的问题,影响了机动性能发挥;在起动前基本都需要进行加温,延长了战斗准备时间,不同机动平台的结论如下：

（1）重型和中型坦克在高原使用，发动机均需进行高原适应性调整，调整后基本满足高原使用要求。在模拟海拔4500m时，经过调整的重型和中型坦克发动机功率，较模拟海拔1000m时，分别下降了27.2%、7.5%。

（2）历次高原试验数据表明，非增压发动机，在海拔4000m时，调整供油提前角后，功率下降约36%，基本满足高原使用要求。目前装甲装备普遍采用的增压发动机，虽然增压技术补偿了部分高原环境影响，但发动机功率仍有较明显下降，为了改善燃烧状况，提高发动机可靠性，部分发动机还需采取减油措施，导致功率进一步下降，影响了坦克机动性能和作战使用。

（3）在海拔4480m、发动机水温低于20℃时，重型和中型坦克发动机均不能直接起动，需使用加温锅将水温加热至70～80℃，再循环3min、水温保持在55℃以上时，才可实施起动，增加了战斗准备时间。

配备6缸风冷发动机的轮式装甲车辆、履带步战车系列，在同等条件下，不需加温可直接起动；配备6缸的履带步战车，采用进气预热加温后可直接起动。

（4）在海拔4480m条件下，发动机冷却系统均不能满足车辆以路面允许的较高车速持续行驶要求，驾驶员需经常采取降挡降温措施，使发动机水温保持在允许范围内，影响了平均速度。

配备6缸风冷发动机的轮式装甲车辆，在海拔4480m条件下，可以保证车辆以路面允许的较高车速持续行驶，发动机水温能够保持在使用范围内。

2. 武器系统

（1）采用下反稳像火控和上反稳像火控系统的装甲车辆，其光学观瞄系统、计算机和控制系统、电气部件及各类传感器的各项功能和性能均达到战技指标要求，在高原使用基本和平原一致，没有明显影响。

（2）各型火炮，以穿甲弹、破甲弹和杀伤爆破榴弹为代表的各种常规弹药，各型辅助武器，以旋转式自动装弹机和尾舱式自动装弹机为主的各类自动装填系统的试验结果都表明，上述各型属于密封发射装药的直射武器以及所配备的常规弹药和自动装填系统，其射击精度、外弹道性能、命中概率和工作可靠性都与平原地区没有明显差异。射弹着靶速度相比平原地区有明显提高，提升了对敌打击的毁伤率，有利于作战使用。

（3）高原环境对依靠发射后期火箭发动机续航、尾翼和舵机提高飞行升力的炮射导弹影响较大，主要表现在发射后导弹的外弹道扰动较大、飞行距离500～1000m时导弹掉地概率较大，中靶坐标明显偏低。

（4）烟幕弹在高原地区各项性能满足使用要求。但在高原环境中，由于气压低，烟幕弹延期体燃速降低，延迟爆炸时间，出现“地爆”现象。

3. 人机环境系统

装甲装备人机环境系统在高原环境下能够完成4h工作任务，疲劳程度为中等和偏重。增加供氧装置对乘载员进行供氧,可有效提高人员工效。人机环境系统基本适应高原环境。

(1) 在高原环境下,装甲装备乘载员(以重型坦克部分战斗准备时间计算)体力比在平原地区下降 18.4%,工作效率比在平原地区下降 26.5%。

(2) 在高原环境下,装甲装备乘载员基本能够完成 4h 工作任务。

(3) 在高原环境下,供氧能够将血氧饱和度由 85% 左右提高到 93% 左右(人员血氧饱和度在 92% 左右不影响人体机能),疲劳症状次数减少,疲劳程度降低,缓解持续工作引起的疲劳症状。

(4) 车载化学药柱供氧装置适用于空间狭小车辆,用于突发症状或病伤员紧急抢救。车载分子筛制氧装置适用于空间较大、执行长时间持续作战任务车辆。

4. 技术保障装备作业装置

随车起重装置、液压无齿锯、绞盘与拖绳装置、20kW 自发电装置、电焊设备、起动/焊接多功能电源、车载快速逆变充电机适应高原环境。

30kW 自发电装置、油料补给装置、高压空气压缩机基本适应高原环境。

针对 30kW 自发电装置额定功率、电压及电流下降的问题,考虑到自发电装置高原散热效率差,建议电机转子选用散热性好的材料,改善散热能力。

5. 指控通信系统

指控通信系统适应高原环境,但由于无线通信具有易受遮挡影响的特点,高原地区的地形遮挡会严重影响无线通信距离。

无线通信具有易受地形遮挡影响的固有特点,单一考虑改进某种无线通信设备的性能,并使之满足高原峡谷密林通道中的通信保障困难较大。因此,建议从通信系统的相互补充角度进行改进,主要如下:

(1) 增加升空中继通信节点、卫星中继通信节点等手段。

(2) 短波电台采用弓形近垂直无盲区天线。

6. 侦察系统

雷达侦察系统、光学侦察系统适应高原环境,无人机侦察系统弹射性能不适应高原环境,其他性能基本适应高原环境。

(1) 受日夜温差影响,天气晴朗时,从上午 10 点左右至下午 3 点左右,地面水蒸气迅速蒸发进入空中,受水珠折射影响,可见光侦察设备发现、识别目标距离下降;其余时间光学侦察设备在高原上发现和识别距离大于在平原上发现和识别距离。

(2) 雷达侦察设备的探测距离不受低气压高海拔环境影响。

(3) 平原时,无人侦察机弹射起飞要求车载弹射架弹射初速为 8 ~ 12m/s,出口方向弹射过载不大于 6 倍重力加速度;在海拔大于 3600m 时,由于空气稀薄,升力下降,需要提高弹射初速,初速提高会使出口方向弹射过载大于 6 倍重力加速度。

（4）低气压高海拔环境对电动和非电动两种无人侦察机飞行姿态无影响，但续航时间下降。

5.2　试验结果与分析

5.2.1　动力传动系统

1. 加速性能

高原0～32km/h加速性能试验在海拔4480m的平坦土路进行，滚动阻力系数为0.054；在混凝土试验跑道进行，滚动阻力系数为0.038。高原平原加速性能对比结果见表5－2。

表5－2　高原平原加速性能对比结果

编号	试验项目	高原	平原	结果对比
坦克1	加速性 s（0～32km/h）	30.6	16.4	增加86.6%
坦克2		22.2	12.7	增加74.8%
坦克3		25.0	10.0	增加150%
坦克4		15.8	11.1	增加42.3%

装甲车辆起步换挡加速性能试验，要求驾驶员从2挡开始，由静止状态加速到该挡额定车速（或发动机达到额定转速）时，逐级换入高挡，直至车速超过32km/h。在高原环境条件下，由于发动机功率下降，使发动机达到额定转速的时间增加，延长了各挡换挡时间，从而使加速时间增加。

2. 最大速度

与平原试验结果相比，装甲装备高原最大速度下降，最大速度平原试验路面为水泥混凝土路面时滚动阻力系数0.038，高原试验路面为土路时滚动阻力系数为0.054，因此对比仅作为参考。高原平原最大速度对比结果见表5－3。

表5－3　高原平原最大速度对比结果

编号	试验项目	高原	平原	结果对比
1#	最大速度/（km/h）	42.6	57.4	下降25.8%
2#		54.1	58.4	下降7.36%
3#		53.4	65	下降17.8%
4#		63.5	73	下降13.0%

试验结果表明，最大速度随海拔高度的增加而降低，通过机动性能影响机理分析，车辆最大速度与发动机最大功率密切相关，高原地区由于海拔高、气压低、空气稀薄，发动机每次吸入的空气量减少，再加上空气含氧量低，燃油燃烧不充分，致使

发动机最大功率随着海拔高度增加而下降,导致最大速度下降,影响了车辆机动性能的发挥。

3. 纵坡通过性

纵坡通过性主要受发动机最大扭矩和最大扭矩点转速的影响,发动机模拟高原台架试验表明,在高原条件下,发动机最大扭矩下降,最大扭矩点向高转速漂移,影响了纵坡通过性。高原试验结果表明,爬坡度均有降低,由于在高原没有标准的试验坡道,进行纵坡通过性试验时,只能选取最大坡度25.9°的土质自然纵坡,部分车辆在试验时,发动机转速没有降到最大扭矩转速,仍有通过更高纵坡的能力。高原平原纵坡通过性对比结果见表5-4。

表5-4 高原平原纵坡通过性对比结果

编号	试验项目	高原	平原	结果对比
1#	纵坡通过性/(°)	25.9	32	下降19.1%
2#		25.9	32	下降19.1%
3#		25.9	32	下降19.1%
4#		25.9	32	下降19.1%

4. 百公里燃油消耗及最大行程

最大行程受燃油消耗量和油箱容积的影响,实际试验时,以统计百公里燃油消耗量进行计算,高原条件下,大气压力、大气密度降低,含氧量下降、充气量降低,发动机指示热效率下降,比油耗升高;同时高海拔条件下,发动机功率降低和冷却系统易出现过热现象,在使用中车辆常处于低挡高速区,也使发动机的燃油消耗量增大,降低了高原最大行程。高原平原燃油消耗量及最大行程试验对比结果见表5-5。

表5-5 高原平原燃油消耗量及最大行程试验对比结果

编号	试验项目	高原	平原	结果对比
1#	平均速度/(km/h)	23.8	33.2	减少28.3%
	百公里燃油消耗量/(L/100km)	276.8	252	增加9.8%
	最大行程/km	412	453	减少9.1%
2#	平均速度/(km/h)	31.4	36.7	减少14.4%
	百公里燃油消耗量/(L/100km)	315	285	增加10.5%
	最大行程/km	473	533	减少11.3%
3#	平均速度/(km/h)	22.4	33.0	减少32.1%
	百公里燃油消耗量/(L/100km)	446	370	增加20.5%
	最大行程/km	291	351	减少17.1%
4#	平均速度/(km/h)	46.0	36.3	增加26.7%
	百公里燃油消耗量/(L/100km)	430	357	增加20.4%
	最大行程/km	395.3	476.2	减少17.0%

5. 持续行驶试验分析

平均速度主要受发动机功率和冷却系统效能的影响，在相同路面条件下，平原试验时，车辆能以路面允许的较高速度行驶，发动机油、水温度能保持在允许温度范围内，平均速度较高；在高原环境条件下，大气压力降低、空气密度下降、冷却系统效能下降，燃烧恶化、排温升高、热负荷增加，冷却系统的工作负荷增加，在高原试验时，经常出现由于发动机水温过高，车辆不得不停车降温或降挡行驶，以保证发动机水温在正常工作范围内，降低了高原车辆平均速度。高原平原平均速度对比结果见表5-6。

表5-6 高原平原平均速度对比结果

编号	试验项目	高原	平原	结果对比
1#	平均速度/(km/h)	23.8	33.2	减少28.3%
2#		29.3	36.7	减少20.2%
3#		22.4	33.6	减少33.3%
4#		46.0	36.3	增加26.7%

5.2.2 武器系统

1. 武器系统操作规范高原适应性研究

通过高原地区适应性试验的测试和实际操作，被试装备的武器系统在高原环境下的操作流程和方法与平原地区没有明显区别，可以按照已有的使用维护说明书进行操作使用和维护。不同的是与乘员体力相关的操作环节有差异，如火炮的启封、擦拭，向自动装弹机内补充弹药，体积和重量较大部件的拆卸、安装和分解结合等。

2. 穿甲弹初速测试

穿甲弹在海拔4500m射击时，炮口初速变化不大，但弹丸的着靶速度要高于平原地区，在最大有效射程2400m距离上的平均初速比平原地区高43m/s，在1200m距离上的平均初速比平原地区高21m/s。

3. 穿甲弹在高原地区穿甲威力增益研究

在0m海拔高度时，计算着速为1406.4m/s；在6000m海拔高度时，计算着速为1455.3m/s。这两种情况下，计算着速相差48.9m/s，说明在高海拔条件下穿甲弹的着速能力高于低海拔，穿甲威力更具有优势。

4. 穿甲弹外弹道性能高原适应性研究

（1）在海拔4500m条件下，在1000m、2000m的弹道高要比平原射表值分别高出0.9m和1.82m，经过火控计算机的综合修正后，可以满足高原环境的使用要求。

（2）滑膛炮应用穿甲弹，在海拔4500m处对1000m距离上的目标进行立靶密集度射击，跳角测试值为-1.8′，与射表所列的平均跳角-2′相比基本一致，没有较大差别。表明在高原环境条件下，该火炮射击穿甲弹种，其跳角对射击密集度影响不大，射击精度能够得到较好保证。

(3) 在海拔4500m条件下，穿甲弹的实测平均初速为1748.15m/s，比表定初速1740m/s提高了8.15m/s，初速变化不是很大，基本不影响射击性能。

5. 炮射导弹初速及弹道性能高原适应性试验研究

高原条件对导弹的初速影响较小，炮射导弹飞行到4500m的时间在14s左右，比平原地区快0.55~0.8s。

炮射导弹飞行轨迹监测表明：在海拔4500m的高原地区，导弹在射击中点火发射、激光驾束制导均工作正常，由于受空气密度、大气压力及温度、气流等影响，导弹重力作用明显，而升力存在不足，特别是导弹平飞状态在初始段从无控转有控过程，以及末端接近目标飞行弹道随高度增加而明显降低，最低点掠地飞行，均有较高的触地风险，其远距离射击(无论高飞或平飞状态)飞行成功率很低，不适应高海拔环境作战使用要求。

5.2.3 人机环境系统

1. 乘载员平原与高原人员工效对比变化研究

结合乘载员战斗任务剖面，制订合理试验方案，对同一批乘载员在高原地区和平原地区的血氧、运动、做功情况进行对比研究。研究结果表明，高原地区和平原地区相比，乘载员血氧饱和度约下降12%、爆发力约下降5.9%、体力约下降18.4%、工作效率约下降26.5%。

2. 装甲车辆乘载员高原适应性研究

通过对装甲车辆乘载员在4h持续工作能力试验中的生理(心率、血压、肺功能)、生化(血氧)、听力、心理(调查问卷、反应时)、肌力(握力、背力)等项目进行测试，运用踏车功量计测试被试人员的做功情况，并佩带动态心电、血氧、血压等监测仪，对被试人员的高原适应性进行研究。

(1) 坦克高原地区乘员持续工作能力试验中(被试对象为在高原适应1个月左右的操作人员)，按照试验方案完成试验后，被试人员身体各项指标在试验前后没有明显变化。出现的疲劳感觉症状中，非常明显症状占13.5%和35.3%，明显症状占40%和41.1%，轻微症状占46.7%和23.5%。结果表明在试验后被试人员疲劳程度偏向于中度疲劳。

(2) 装甲侦察车和综合信息车高原地区试验持续4h，所有被试人员在典型任务剖面下完成试验。被试人员身体各项指标在试验前后没有明显变化。出现的疲劳感觉症状中，非常明显和明显症状为54%，不明显症状为46%，被试人员疲劳程度偏向于重度和中度疲劳。

(3) 坦克驾驶员在高原地区完成2h持续工作试验，被试人员身体各项指标在试验前后没有明显变化，被试人员主观感觉为中度疲劳。

3. 制氧效果研究

(1) 在高原地区4h不供氧和持续供氧试验中,所有被试人员在典型任务剖面下完成了4h或2h持续工作试验。在试验中主要对乘载员生理、心理、爆发力、工作效率等几个方面进行了研究。

研究结果表明在握力、背力、反应时、任务完成率、爆发力、反应能力等方面,吸氧和不吸氧对其影响较小。

在生理方面主要对乘载员血氧饱和度和心率进行了动态监测,研究结果表明持续吸氧后乘载员血氧饱和度由85%左右上升到93%左右,心率降低。

在疲劳症状方面,吸氧后疲劳症状次数由30人次左右减至10人次左右,疲劳程度降低,表明供氧能够在较大程度上缓解持续工作引起的疲劳症状。

(2) 试验中某乘员发生突发病状案例表明通过及时吸氧能够缓解突发性症状引起的伤病员的心率急速上升、血氧下降情况(未吸氧时5min内心率由110次/min升至150次/min,吸氧后5min内降至80次/min),为伤病员抢救赢得时间。

(3) 车载化学药柱供氧装置与车载分子筛供氧装置相比,在短时间供氧过程中对乘载员工作效能影响差别不大。

车载化学药柱供氧装置体积小,安装方便,制氧率高,流量大(浓度99%,3.5L/min,换算成纯氧为3.47L/min;平原氧含量20.9%,人均呼吸通气量6L/min,换算成纯氧为1.74L/min),供氧时间短、长时间持续供氧费用高,适合用于空间狭小车辆,突发症状或病伤员紧急抢救。

分子筛车载制氧装置体积相对较大,能够长时间持续供氧,高原制氧率低,流量小(浓度48%,1.6L/min/人,换算成纯氧为0.8L/min),适合空间较大车辆,适用于长途跋涉或用于提高执行长时间持续作战任务的装甲车辆乘载员工作效率。

(4) 鼻导管吸氧方式与面罩吸氧方式相比,鼻导管吸氧方式便于车内通话,补充空气流量或稀释高浓度氧气,更适合装甲车辆乘载员使用,但使用导管的舒适度较差。

4. 装甲车辆乘载员高原适应性指导研究

针对高原反应,提出了改善指导措施。对初上高原或工休重入高原者习服时间提出了建议。

(1) 装甲车辆乘载员由平原地区到高原地区,血氧饱和度由94%~99%下降至82%~88%,心率由60~85次/min上升至76~110次/min,体力耐力(PWC_{150})由140~250W下降至116~180W,工作效率下降20%左右。

(2) 高原地区通过吸氧、高原药物和适当锻炼能够提高人员的血氧饱和度,降低心率,减少高原症状和工作失误,提高最大摄氧量、肺通气量等。

(3) 初上高原或工休重入高原者初步习服时间不少于5天,基本习服为1个月左右,完全习服为6个月左右。

5.2.4 技术保障装备作业装置

1. 随车起重装置

技术保障装备随车起重装置额定起重量、空载起降速度、负载最小起降速度等各项性能参数达到技术指标要求。随车起重装置220次可靠性试验过程中,无乱绳、振颤、冲击等异常情况,液压系统工作正常,满足高原使用要求。

2. 液压无齿锯

配备的液压无齿锯在高原地区的最大切割深度和最大切断直径达到指标要求,满足高原使用要求。

3. 绞盘与拖绳装置

在高原环境下,抢救车绞盘出口单绳额定拉力为201kN;单车最大支反力为404kN;绞盘钢丝绳负载收绳速度为5.1m/min。在高原环境下,绞盘装置、绞盘钢丝绳、拖绳装置连续工作正常,满足高原使用要求。

4. 油料补给装置

在高原环境下,补给车配置的油料补给装置单枪最大加油速度为183.0L/min;双枪由于受高原气压低影响,油泵吸入口的绝对压力达到了油泵所能产生的最大真空度,造成流量不再随转速增加而增加,最大加油速度为250.8L/min。在高原环境下油料补给装置连续工作性能可靠,基本满足高原使用要求。

5. 自发电装置

(1) 20kW自发电装置的额定功率、额定电压、额定电流及频率等基本性能参数达到技术指标要求,具备在额定工况下连续运行12h的工作能力(含过载10%运行1h),各部温升在产品规范要求内,满足高原使用要求。

(2) 30kW自发电装置的额定功率、额定电压、额定电流较平原试验结果均有不同程度的下降,分别下降3.7%、1.9%、4.4%,频率达到技术指标要求;功率、电压、电流下降的主要原因是受高原空气稀薄、发电机散热效率下降所致。自发电装置在额定工况下连续运行12h(含过载10%运行1h),各部温升在产品规范要求内,满足高原使用要求。

6. 电焊设备

逆变直流弧焊机在输入电源380V/50Hz条件下,电焊设备焊接电流等性能参数均达到指标要求;具有输入过压、欠压、缺相及输出反接、过载保护功能,满足高原使用要求;焊接效率、过载能力、负载焊接能力及焊接质量满足高原使用要求。

7. 起动/焊接多功能电源

起动/焊接多功能电源额定焊接电流、起动额定电压、最大输出电流、直流额定输出电压、直流额定输出电流等主要技术参数达到指标要求;多功能电源与配电系统匹配,适用性较好,具备实施发动机外部起动功能,满足高原使用要求;具备负载和过载能力;焊接质量满足高原使用要求。

8. 车载逆变快速充电机

车载逆变快速充电机可在3h内对4块50%额定容量铅酸蓄电池充至97%以上,满足高原使用要求。

9. 高压空气压缩机

使用高压空气压缩机,对车载5L气瓶进行单瓶充气,在充气管长10m、气压达到15.0MPa的情况下,平均用时26min,受高原空气密度低影响,平均充气速度为0.189L/min,基本满足高原使用要求。

5.2.5 指控通信系统

指控通信设备的基本功能、连续工作能力满足高原地区的使用要求。

高原地区的高海拔低气压环境对无线通信设备的主要电性能参数以及高山宽谷区通视条件下的通信性能无影响。

高原地区的地形遮挡是影响无线通信设备通信性能的主要因素,高山峡谷通道中的有效通信距离较中等起伏地形下降50%左右。高原与平原车际通信性能试验结果对照见表5-7。

表5-7 高原与平原车际通信性能试验结果对照

通信距离	平原地区/km	高原地区试验结果	
		通视条件下/km	遮挡条件下
短波电台	40	40	(1)高山窄谷:在16.9km处,短波电台通信质量较高山宽谷区通视条件下有明显下降。 (2)高山峡谷:在16.2km内话音质量在3分左右,能够保持正常话音通信;在16.2~40km之间,除个别频点(7.644MHz)外通信性能严重下降。 (3)高山遮挡:在相距40.6km、39km、37km、35.6km、32km和28km处进行了短波通信试验,通信双方有多座高山遮挡,除28km处基本可通外,其他距离上通信效果很差
超短波电台	25~30	30	(1)高山窄谷:在16.9km处,超短波电台10个定频频点中6个频点通信质量较好,3个跳频表中2个频表通信质量较好,较高山宽谷区通视条件下有明显下降。 (2)高山峡谷:最大通信距离10.9km,且沿途部分地点无法通信,通信性能严重下降。 (3)高山遮挡:在相距26.7km且有高山遮挡条件下,超短波电台正对高山时,通信基本中断。超短波电台向西移动150m且接近山口位置时,10个定频频点中5个通信良好,3个跳频表中1个频表通信良好
超短波背负台	10~12	12	(1)高山峡谷:最大通信距离为6.5km,且沿途部分地点无法通信,通信性能严重下降。 (2)高山遮挡:在相距10.5km附近进行了背负台远距离通信试验,在10.5km处有一山头,山头前话音通信良好,山头后无法通信

续表

通信距离	平原地区/km	高原地区试验结果	
		通视条件下/km	遮挡条件下
高速电台	10～12	12	(1)高山窄谷:在距离7.1km和10.5km处进行了高速电台通信试验,由于该处距进山的山口只有3～6km,高速电台的通信质量较高山宽谷区通视条件下略有下降。 (2)高山峡谷:最大通信距离为6.2km,通信性能严重下降。 (3)高山遮挡:在相距10.3km处进行了高速数据电台通信试验,中间有一个山头遮挡,高速数据电台10个定频频点中有3个频点未同步无法通信,3个跳频信道中有1个未同步无法通信,较高山宽谷区通视条件下明显下降

根据指控通信设备的共同技术特性分析,可以知道指控通信系统(设备)基本适应高原环境,但由于无线通信具有易受地形遮挡影响的特点,高原地区的地形遮挡会严重影响无线通信距离。

5.2.6 侦察系统

1. 无人侦察机试验结果分析

(1)无人侦察机在高海拔处水泥路面上可以实现车载(运动皮卡)弹射起飞,手抛起飞,手动遥控水泥路面滑跑降落,手动遥控伞降,最大飞行海拔高度为5345m。

(2)低气压高海拔的环境条件对电动和非电动两种无人侦察机飞行姿态无影响,但续航时间下降。

2. 雷达侦察设备试验结果分析

在高原地区选取典型起伏地形,雷达分别位于高于目标和低于目标位置进行测距试验。在不同距离(25km、15km、13km、10km)、不同状态(背站、向站)下发现目标概率均超过80%;通视距离中间有起伏地形对雷达探测距离无影响。

3. 光学侦察设备试验结果分析

(1)可见光侦察设备发现目标最大距离为22km,识别目标最大距离为14km;天气晴朗时,从上午10点左右至下午3点左右,地面水蒸气迅速蒸发,进入空中,受水珠折射影响,可见光侦察设备发现、识别目标距离下降,相距15km左右的静止目标隐约可见。

(2)热像侦察设备发现目标最大距离为6km,识别目标最大距离为5km;热像侦察设备在雨天发现、识别目标距离较晴天下降,发现目标最大距离为4km,识别目标最大距离为2.5km。

(3)激光测距设备在高原最大测距距离为24km,最大稳定测距距离为22km;暴晒前和暴晒后的测距性能无变化。

(4)光电转塔测角精度、光学侦察重复精度在高原和平原数据无明显变化。

5.3　高原适应性评价

战技指标对照的方法对高原适应性进行评价能够直接判别战术技术指标是否达到或满足设计要求，并且得到变化规律。例如，某型坦克 4500m 海拔高度条件下最大速度要求为 60km/h，试验结果为 63.9km/h，达到了设计要求，同时，该坦克平原地区最大速度为 71.7km/h，对比平原地区其最大速度下降了 10.9%。

除了战技指标对照法之外，比较常用的方法还有综合评估法。相对于战技指标对照方法，综合评估法是从装甲车辆高原条件下的整体使用考虑出发，判断整车是否满足高原的使用要求。综合评估法可以对整车的高原适应性做出评价，同时也能横向对比分析相同类型装甲车辆的高原适应性。

5.3.1　单项战技指标对照评价

由于单项战技指标实际上是对装甲车辆作战使命任务的分解，因此，对照战技指标进行高原适应性评价，虽然形式上是一一对照的方式，实质上是对于作战使用功能的一种分解对比评价方法。这种评价方法的优点在于主观判断因素影响较小，直观、准确，不易产生歧义，比较通用于鉴定、合同验收等。然而，由于与分解出的战技指标关联程度很高，若分解过程中存在片面性或不完整性，会导致以单项指标进行高原适应性评价时，出现以偏盖全的现象。

某典型装甲车辆战技指标分解后，部分高原适应性评价对比见表 5-8 ~ 表 5-13。

表 5-8　平均速度

项目名称	高原地区	平原地区
行驶时间/h	6.9	6.3
平均速度/(km/h)	34.3	35.3

表 5-9　燃油消耗量

项目名称	高原地区	平原地区
行驶里程/km	122.7	157.9
燃油消耗量/L	450	679
百公里燃油消耗量/(L/100km)	350	430

表 5-10　持续行驶试验

项目名称	高原地区	平原地区
车辆行驶里程/km	237.4	127.4
车辆行驶时间/h	5.1	4.9

续表

项目名称		高原地区	平原地区
发动机	冷却液温度/℃	84～105	68～82
	机油压力/MPa	0.3～0.4	0.5～0.64
变速箱	传动油温度/℃	92～114	82～104
	操纵压力/MPa	1.6～1.96	1.5～1.84
	润滑压力//MPa	0.1～0.36	0.1～0.24

表5－11　火炮技术性能

项目名称	高原地区	平原地区
火炮不平衡力矩/(N·m)	25.6	20.4
炮塔摩擦力矩/(N·m)	1700	1721
火炮垂直松动量/mil	2.5	2.1
方向机间隙/mil	2.5	1.6
驻退机液量/L	7.3	7.3
复进机初始压力/MPa	7.0	7.0

表5－12　火控系统性能

项目名称		单位	高原地区	平原地区
半自动最大调炮速度		(°)/s	35.2	35.2
半自动最低瞄准速度		(°)/s	0.016	0.014
自动水平向最大调炮速度		(°)/s	34.7	36.4
自动水平向最大瞄准速度		(°)/s	15.7	15.9
自动水平向最低瞄准速度		(°)/s	0.019	0.014
水平向过渡过程		mil	30	21
自动垂直向最大调炮速度		(°)/s	6.2	6.6
自动垂直向最低瞄准速度		(°)/s	0.017	0.008
激光测距性能	测距范围	m	200～8500	200～8500
	测距精度	m	5	5
	准测率	%	100	100

表5－13　首发命中概率

试验地区	射击距离/m	命中率/%	零位走动/mil	
			方位	高低
高原地区	1510	50	0.15	0.1
	1500	50	0.15	0.05

续表

试验地区	射击距离/m	命中率/%	零位走动/mil	
			方位	高低
平原地区	2200	55.6	0.15	0.2
	1800	50	0	0.2
	1650	50	0	0.2
	1800	50	0.2	0.15
	1700	50	0.15	0.15

5.3.2　模糊综合评价方法

考虑到单项指标评价不能对系统或整车高原环境适应性做出评价，通常会采用综合评价方法对装甲车辆的高原适应性做出一个综合的统计评价，一般可以依据装甲车辆整车的多个指标，如机动性能、火力性能、防护性能等，对整车进行适应性评价，也可拆分为单项系统性能进行综合评价，如分为机动性能高原适应性评价、火力性能高原适应性评价、防护性能高原适应性评价。

模糊综合评价方法是一种基于模糊数学的综合评价方法。其根据模糊数学的隶属度理论把定性评价转化为定量评价，对受到多种因素制约的问题做出一个总体评价。装甲车辆高原环境适应性模糊综合评价方法一般包括评价因素分析、评价指标体系选取、评价等级构建、权重系数确定、综合评价等要素。

1. 确立评价指标体系

高原地区适应性评价指标的选取原则如下：

（1）能够显著代表某一方面的特性，即代表性原则；

（2）有足够的数据资料支持，即可信性原则；

（3）根据实际需要进行选取，即实用性原则；

（4）尽量选取关联度小的分性能，即独立性原则。

2. 确立评价等级

根据评价需求，划分高原适应性评价等级 $V=\{V_1,V_2,\cdots,V_n\}$，比较常用的是三等级和五等级划分，三等级划分一般划分为“适应、基本适应和不适应”三个等级。五等级划分就是在“适应”与“基本适应”、“基本适应”与“不适应”间分别增加“较适应”和“较不适应”两级。

3. 确定权重

1）构造判断矩阵

以评价指标体系为基础，构造每一层对上一层的判断矩阵，见表5－14。

表 5-14　第 k 层评价指标的判断矩阵

第 k 层评价指标 c_k	子指标 p_{k1}	子指标 p_{k2}	…	子指标 p_{kn}
子指标 p_{k1}	b_{11}	b_{12}	…	b_{1n}
子指标 p_{k2}	b_{21}	b_{22}	…	b_{2n}
…	…	…	…	…
子指标 p_{kn}	b_{n1}	b_{n2}	…	b_{nn}

判断矩阵中的每个因素的量化，采用“1 ~ 9”比较标度法，比较标度及其含义见表 3-2。中引入的定量标度 b_{ij}，可依照专家打分确定。

2）一致性检验

对确立的判断矩阵进行一致性检验，步骤如下：

(1) 计算判断矩阵的最大特征值 $\lambda_{\max}$；

(2) 计算一致性指标 C. I. $=(\lambda_{\max}-n)/(n-1)$；

(3) 确定平均一致性指标 R. I.，见表 5-15；

(4) 计算随机一致性比值 C. R. = C. I. /R. I.；

(5) 对于 1、2 阶判断矩阵，C. R. 规定为零。其余情况，若 C. R. $\leqslant 0.1$，则判断矩阵满足一致性要求；若 C. R. >0.1，则重新构造判断矩阵。

表 5-15　平均一致性指标 R. I.

n	1	2	3	4	5	6	7	8	9
R. I.	0	0	0. 58	0. 90	1. 12	1. 24	1. 32	1. 41	1. 45

3）权重计算

(1) 方根法的计算步骤。

① 计算判断矩阵每一行元素的乘积：

$$M_i=\prod_{j=1}^{n} b_{ij}\quad (i=1,2,\cdots,n) \tag{5-1}$$

② 计算 M_i 的 n 次方根：

$$\overline{W}_i=\sqrt[n]{M_i}\quad (i=1,2,\cdots,n) \tag{5-2}$$

③ 将向量 $\overline{\boldsymbol{W}}=[\overline{W}_1,\overline{W}_1,\cdots,\overline{W}_n]^{\mathrm{T}}$ 归一化：

$$W_i=\overline{W}_i/\sum_{i}^{n}\overline{W}_i\quad (i=1,2,\cdots,n) \tag{5-3}$$

式中：$\overline{\boldsymbol{W}}=[\overline{W}_1,\overline{W}_1,\cdots,\overline{W}_n]^{\mathrm{T}}$ 为所求的权重值。

④ 计算最大特征根：

$$\lambda_{\max}=\sum_{i=1}^{n}\frac{(\boldsymbol{AW})_i}{nW_i} \tag{5-4}$$

式中：$(\boldsymbol{AW})_i$ 为向量的第 i 个分量。

（2）和积法的计算步骤。

① 将判断矩阵每一列归一化：

$$\bar{b}_{ij} = \frac{b_{ij}}{\sum_{k}^{n} b_{kj}} \quad (i=1,2,\cdots,n) \tag{5-5}$$

② 对列归一化的判断矩阵，再按行求和：

$$\overline{W}_i = \sum_{j=1}^{n} \overline{b_{ij}} \quad (i=1,2,\cdots,n) \tag{5-6}$$

③ 将向量 $\overline{\boldsymbol{W}} = [\overline{W_1}, \overline{W_1}, \cdots, \overline{W_n}]^{\mathrm{T}}$ 归一化：

$$W_i = \overline{W}_i / \sum_{i}^{n} \overline{W}_i \quad (i = 1,2,\cdots,n) \tag{5-7}$$

式中：$\overline{\boldsymbol{W}} = [\overline{W_1}, \overline{W_1}, \cdots, \overline{W_n}]^{\mathrm{T}}$ 为所求的权重值。

④ 计算最大特征根：

$$\lambda_{\max} = \sum_{i=1}^{n} \frac{(\boldsymbol{AW})_i}{nW_i} \tag{5-8}$$

式中：$(\boldsymbol{AW})_i$为向量的第 i 个分量。

4）构造评价指标基准向量

根据确定的高原适应性评价等级，构造各评价因素对应的基准向量值，如某车的最大速度高原指标为60km/h（海拔4500m），则构建评价因素、最大车速、基准向量：适应等级为60km/h。

基准向量值的构造原则如下：

（1）研制总要求或合同中明确规定的战技性能指标和使用要求；

（2）试验数据与技术文件或国内外同类车型的试验数据对比；

（3）专家评价。

5）确定隶属函数

对于效益型指标，隶属函数为

$$\mu_{A_i}(x_j) = \frac{(x_{ij} - x_j^{\min})}{(x_j^{\max} - x_j^{\min})} \quad (i=1,2,\cdots,n;j=1,2,\cdots,L) \tag{5-9}$$

对于成本型指标，隶属函数为

$$\mu_{A_i}(x_j) = \frac{(x_j^{\max} - x_{ij})}{(x_j^{\max} - x_j^{\min})} \quad (i=1,2,\cdots,n;j=1,2,\cdots,L) \tag{5-10}$$

式中：x_{ij}表示第 i 个样本中第 j 个特征参数的参数值；$x_j^{\max}$ 表示所有样本中第 j 个特征参数的最大值；$x_j^{\min}$ 表示所有样本中第 j 个特征参数的最小值。

4. 综合评价

综合评价的计算结果可直接采用加权评价，也可采用贴近程度计算、熵权计算等方法，然后按照计算结果得出定量评价。

1）加权计算

高原适应性的加权计算方法可由下式确定：

$$H = \sum_{i=1}^{n} S_i W_i \tag{5-11}$$

式中：H 为高原适应性分值；S_i 为各影响因素的计分值；W_i 为各影响因素的合成权值；n 为影响因素的个数。例如，某坦克高原地区适应性试验得到各影响因素的计分值为（0.93，0.84，0.9，1，1，0.87，0.964，1，0.8，0.87，0.85，1），采用专家评分方法得到权重为（0.056，0.343，0.141，0.064，0.021，0.023，0.015，0.061，0.038，0.097，0.117，0.023），则可通过加权计算得综合评价分值 $H=0.885$。

2）贴近度计算

贴近度计算方法是引入距离的概念来作为判别标准的综合评价方法，可按下式计算与高原适应性评价等级的贴近程度：

$$r(A_i, B_l) = 1 - \frac{1}{\sqrt{\omega'}} \sqrt{\sum_{j=1}^{n} \omega_j \left[\mu_{A_i}(x_j) - \mu_{B_l}(x_j) \right]^2} \tag{5-12}$$

式中：ω_j 为各因子的权值；$\mu_{A_i}(x_j)$ 为第 i 个样本第 j 个评价因素的隶属度；$\mu_{B_l}(x_j)$ 为第 i 个样本第 j 个基准向量的隶属度。然后，根据择近原则，取 $\max\limits_{1 \le l \le n}(r(A_i, B_l))$ 为评价结果。例如，7 型装甲车辆动力传动系统高原适应性经过贴近度归一化计算后结果见表 5-16，则可得到 7 型装甲车辆动力系统的高原适应性评价结果，见表 5-17。

表 5-16　各型装甲装备动力传动系统环境适应性计算结果

车型		车型 1	车型 2	车型 3	车型 4	车型 5	车型 6	车型 7
贴近度	好	0.70287	0.75592	0.65893	0.80379	0.60430	0.92453	0.74088
	较好	**0.76682**	0.78909	0.72377	0.88501	0.64677	**0.95207**	0.78510
	一般	0.76673	**0.79967**	0.74700	**0.88985**	0.66256	0.90362	**0.79214**
	差	0.74090	0.74252	**0.75978**	0.81703	**0.68260**	0.74780	0.76612

表 5-17　各型装甲装备动力传动系统环境适应性评价结果

车型		车型 1	车型 2	车型 3	车型 4	车型 5	车型 6	车型 7
贴近度	好							
	较好	*					*	
	一般		*		*			*
	差			*		*		

5.4 高原条件下的操作与使用

5.4.1 底盘系统

高原地区与平原地区装甲装备底盘除发动机功率有所不同外,结构和操作方法基本相同。在高原地区使用应注意问题如下:

1. 发动机提前供油角需调整

为适应高原缺氧的地理环境,一代装甲装备上高原前应对发动机提前供油角进行调整,即由平原的34°±1°调整为32°±1°,以适应高原环境。

2. 调整加水口盖蒸汽活门开启压力

相对平原,高原水的沸点降低、蒸发量增大,对发动机冷却系统影响较大。因此,保持加水口盖蒸汽活门密闭性非常重要。进入高原前应对加水口盖蒸汽活门开启压力进行调整,以适应高海拔需求,开启压力应调整为0.2MPa。平常使用车辆时还要经常检查加水口盖蒸汽活门开启压力,如出现“长通”现象时要及时分解清洗加水口盖。蒸汽活门和加水口盖与膨胀水箱和水散热器间的密封胶圈必须完好,以保障冷却系统的密闭性,并有一定的备件储备。

3. 及时清洗、清理空气滤清器滤芯

为减轻发动机负荷,提高发动机进气量,空气滤清器滤芯应保持清洁。使用中应根据地区尘土大小适当提前保养清洗、清理时间,或根据发动机工况、排烟情况确定空气滤清器保养时间。为车辆安装侧屏蔽可以有效减少空气滤清器进尘土量。

4. 车辆行驶时密切注意仪表变化情况

高原使用时驾驶员应密切注意仪表油水温度变化,将油水温度控制在正常范围并尽可能使发动机在使用转速工作,驾驶员应根据地形及时换挡避免发动机负荷过重。

5. 注意观察发动机机油的变化

在高原发动机工作时易燃烧不完全,未完全燃烧的柴油会混入发动机机油中,使发动机机油逐渐被稀释而影响发动机润滑。经检测发现发动机机油中柴油含量可高达20%,极易造成发动机早期磨损,甚至损坏。车辆使用中驾驶员应密切关注发动机机油压力变化,如出现机油温度正常情况下机油压力下降和持续偏低,或出现发动机正常工作数小时后机油箱容量不降反升的情况,则应检查发动机机油是否被稀释,有条件时在发动机工作15~20h后检查发动机机油闪点,必要时更换发动机机油。

6. 加温器使用应注意的问题

高原昼夜温差大,无论冬夏季加温器都经常使用。对于加温器发热量小的,无须特别关注，只要按时清理积碳调整好火焰长度即可。但二代装备以后的加温器一般为改进型，其发热量大于前者，使用前应在不接通油路的条件下先接通电动机开关，使加温器水泵带动冷却液在冷却系统内循环排出加温器体内的空气，再按程序起动加温器。加温过程中应密切注视水温变化，如水温急速上升应马上切断油路，使水泵继续循环3～4min，直至水温恢复正常后再重复上述步骤起动加温器。加温结束后应先关闭油路，使加温器在断油状态下继续循环，直至排烟口没有残余油烟排出后关闭加温器电源。

7. 其他使用应注意的问题

对于传递功率较大的液力传动行星式变速箱，由于发动机功率提高和行星式变速箱的应用使车辆热负荷也进一步提高，产生的热积累也相对增加。为保障发动机在高原能够正常使用，还应特别注意在使用中控制发动机水温在95℃或100℃以下。当发现车辆水温过高时，可采取减挡提高转速的方法，降低车速，减小负荷，提高风扇转速，以达到减少发动机故障的目的。

装备在停车熄火时，应先使水温降到使用维护说明书的规定温度（如80℃）以下，保持2～3min再熄火，以防止发动机冷却水温过高，造成拉缸故障。在平时保养车辆时，应及时清理散热器上的泥土、沙石、树叶，保持散热器表面清洁能够良好散热。

安装有进气加温装置，在环境温度+5～-10℃时可以使用进气加温装置预热加温后直接起动发动机。在平时提倡使用加温器加温，这样对发动机加温更加充分。

在高原山地使用时，应注意多检查行动部分技术状况。着重关注履带中连器、端连器固定螺栓有无松动脱落，板体有无裂纹，等等。

5.4.2 武器系统

根据多型装甲装备的武器系统在西藏羊八井地区进行的高原地区适应性试验的测试和实际操作，结果表明上述被试装备的武器系统在高原环境下的操作流程和方法与平原地区没有明显区别，可以按照已有的使用维护说明书进行操作使用和维护。所不同的是与乘员体力相关的操作环节有差异，如火炮的启封、擦拭，向自动装弹机内补充弹药，体积和重量较大部件的拆卸、安装和分解结合等。

（1）针对乘员在高原缺氧环境下体能下降的突出问题，应重点解决“可靠、助力”的问题，对于依靠人力进行操作、装填等装备的操作使用，应想办法增加助力装置，如自动装弹机、炮闩的拆卸、安装等，尽量依靠助力装置，以节省人员体力，保证操作安全可靠。

（2）装甲车辆在高原地区进行射击操作时，在当前射表没有发生改变的情况下，有火控系统的建议进行实地的火炮和弹药立靶密集度检验和火控校炮，按照实际情况计算当地高原环境火力系统的射击精度和火控校炮结果，进行计算机综合修正量的正确装订，从而保证实际射击命中精度。

(3) 根据高原地区常规弹外弹道略有偏高的特点，无火控系统的装甲车辆在高原进行射击时，其瞄准点的选取应适当偏下一些，以更有利于精确命中目标。例如，在海拔4500m的高原环境，对2000m距离上2m高的目标进行射击时，在原来瞄准点的基础上可适当降低1mil(1mil = 0.0254mm)进行瞄准射击，这样其命中精度将会更高一些。

5.4.3　指控通信系统

指控通信系统需要注意的方面是结合试验、资料调研和经验总结的结果，主要集中在系统综合使用方面，而具体的设备或系统操作使用方法与平原地区没有明显差别。

(1) 超短波链路，应考虑其在高原山地环境下的可靠通信距离问题，一般建议在技术指标的80%距离上使用。若在高山峡谷密林地域使用，则建议在技术指标的50%距离上使用。

(2) 对无线高速和超短波链路，在地形条件复杂时，指挥所一方可考虑使用其升高桅杆将己方天线升高，同时按技术要求加装升高天线的地网设备。

(3) 对超短波链路，建议使用跳频正交组网方式，数据速率取中间一挡，兼顾通信成功率和数据传输速率。

(4) 对无线通信链路，建议充分利用通信管理车上的频谱监测设备，提前进行频谱规划和频率指配工作，尽量避开自然环境下干扰较强的频段。另外，对预设战场上的频谱监测建议平时进行充分的数据积累，除频谱监测设备提供的数据外，同时可收集无线通信设备自带的场强监测数据以及训练和使用数据。

(5) 由于高原山地环境的复杂多变性，为保证连续不间断的可靠指挥，尤其是无线通信联络的连续可靠性，建议充分利用装备提供的多种通信手段，按作战计划的各个时节，做好完备的通信保障计划。

(6) 在平时的使用中，除通信链路设备外，乘载员应注意维护好天线、话柄、坦克帽、胸前开关、升高天线馈线、地网设备等附件。

(7) 在维护保养中，除定期检查通信链路设备的主要技术指标外，乘载员应注意检查计算机以及通信链路设备的接地线是否松动、互联电缆插头是否松动、天线底部触点是否牢固等。

5.4.4　技术保障作业装置

技术保障作业装置高原环境条件下的操作使用与平原环境条件下基本相同，但需要注意以下几点。

(1) 在装备维护保养过程中，严格按要求选用符合高原环境下使用的油液品种。

(2) 液压系统在工作时,如果发现有强烈的噪声和振动,说明系统有气穴或气蚀现象产生,应检查油箱空气滤清器、油泵吸油口滤清器、吸油管路是否畅通、吸油管口是否产生松动而有大量空气吸入。对于闭式压力油箱,应检查发动机的空气压缩机是否损坏,压缩空气的滤清器是否堵塞,油箱充气安全阀是否工作正常。加大对液压系统上述部分的维护和更换频率,做好日常维护保养。

(3) 受高原散热效率低影响,注意监测自发电装置、电焊设备、起动焊接多功能电源、车载快速充电机、高压空气压缩机及配电装置在作业时的温升,控制最高温度在技术要求范围内,如电焊设备在连续长时间焊接时要采用关机短停降温等。

(4) 受高原温、湿度变化快影响,电焊设备作业环境恶劣,在进行焊接作业时应根据焊接情况并结合环境因素实时调节焊接弧力和焊接电流,保证焊接质量。

5.4.5 侦察系统

侦察系统应注意的问题是结合高原适应性试验数据和资料调研经验总结的结果。

(1) 侦察时应尽量将侦察车置于较高的地点,如半山坡上。

(2) 无人侦察机起飞时,尽量使侦察车位于较高的地段,使弹射架距地面高度增加,减少飞机掉高,且需逆风起飞,风速不小于2m/s,起飞时尽量保持水平。

(3) 使用光学侦察系统时,尽量避开受影响的时间段,如 8 月天气晴朗时,从上午 10 点左右至下午 3 点左右。

5.4.6 乘载员高原环境适应要领

改善乘载员高原环境适应性的主要措施包括吸氧、药物和锻炼等。

1. 吸氧

目前高原供氧装置主要有氧气瓶、高压氧舱、分子筛制氧机、化学制氧装置、液态氧等,建议在以下条件下进行吸氧。

(1) 长期睡眠障碍。可在睡眠前进行低流量吸氧,以改善睡眠状况。

(2) 剧烈运动。长期从事剧烈运动或重体力劳动的高原人员应定期吸氧,在运动过程中或运动后吸氧可迅速消除疲劳,恢复体力,减少慢性高原病的发生。

(3) 精细活动。精细活动中吸入低流量氧可以改善中枢神经系统功能,加强肢体运动的准确性和灵活度,提高工作效率,避免和减少失误。

(4) 重大决策。可低流量吸氧,以促进脑功能恢复,增强记忆力、判断力、分析力和创造力,以保证取得正确的决策。

(5) 长期居留 4000m 以上的高原。机体缺氧程度较重,慢性高原病发病率高,往往对机体造成不可逆的损伤,定期吸氧有利于身体健康,提高生活质量。通过吸氧可提高人体血氧饱和度6% ~10%,降低心率20%左右,加强肺功能活动量,提高军人战斗工作效率。

2. 药物

服用高原药物可以改善进驻高原的心肺功能,增强体力运动时的作业效率,提高脑集中力和肌肉协调力。此外,可提高最大摄氧量6% ~8%、心功能指数10% ~13%、肺通气量15% ~18%等。

3. 锻炼

在平原和高原进行体力锻炼有助于机体对高原缺氧的适应。未经锻炼的男性,海拔每升高300m,最大摄氧量下降3.2%;经过锻炼的男性,海拔每升高300m,最大摄氧量下降1.9%。

此外,通过阶梯适应性训练使机体增加对缺氧的耐受力和适应力,一方面减少高原反应发生的概率,另一方面对部分体质较弱者高原反应初期给予及时的诊治,不至于造成严重的后果。建议上高原通过体能训练增强体质,改善机体呼吸循环功能,提高呼吸循环储备,提高对高海拔环境的适应力。

同时,在进入高原初期,需先针对产生的高原反应,进行生活及运动的初步调节,注意以下事项。

(1) 习服时间。

初步习服。进入高原7天以上,并满足下列条件时为高原习服:急性高原反应症状基本消失,安静状态下,呼吸频率、脉率明显下降,轻度劳动作业后无明显不适。

基本习服。进入高原1个月以上,安静状态下呼吸频率、脉率恢复接近平原状态,中度劳动无明显不适。

完全习服。进入高原6个月以上,重度劳动作业后无明显不适。

(2) 生活。初入高原者应注意防寒保暖、预防光照、适量饮水、不能饮酒吸烟、节制饮食、多食碳水化合物和蔬菜水果等易消化食物,减少洗澡次数以防感冒。

(3) 休息活动。初入高原者应尽量减少运动量,避免快走,不能跑步,也不能做体力劳动,最好完全静休半天,第一天晚上早休息,多睡觉,休息2 ~3天后逐步增加运动量。

通过以上研究,得出装甲装备乘载员高原适应性指导表,见表5 -18。

表5 -18　乘载员高原适应性指导表

指标层	子指标层	因素层	平原	高原	变化率/%
身体参数	人体参数	血氧/%	94 ~99	82 ~88	10 ~14
		心率/(次/min)	55 ~85	70 ~110	20 ~26
体力参数	体能耐力	PWC_{150}/W	140 ~250	116 ~180	15 ~30

续表

指标层	子指标层	因素层	平原	高原	变化率/%
任务参数	工作效率	完成时间	9′54″	13′45″	28
	乘车任务工作耐力	持续工作时间/h	4	4	—
改善措施					
吸氧	血氧		由85%左右提高到95%左右		
	心率		下降10%左右		
	工效参数		工作错误率降低8%~11%		
	高原症状		症状减少，疲劳程度降低		
药物	服用高原药物可提高最大摄氧量6%~8%、心功能指数10%~13%、肺通气量15%~18%等				
锻炼	未经锻炼者海拔每升高300m，最大摄氧量降低3.2%左右，经过锻炼者降低1.9%左右				
高原注意事项					
生活	注意防寒保暖、预防光照、适量饮水、不能饮酒吸烟、节制饮食、多食碳水化合物蔬菜水果等易消化食物，减少洗澡次数以防感冒				
休息活动	初入高原者尽量减少运动量，避免快走，不能跑步，也不能做体力劳动，最好完全静休半天，第一天晚上早休息，多睡觉，休息2~3天后逐步增加运动量				
适应时间	初步习服7天，基本习服1个月，完全习服6个月				

参考文献

[1] 祝耀昌. 产品环境工程概论[M]. 北京:航空工业出版社,2003.
[2] 中国人民解放军总装备部. 装备环境工程通用要求:GJB 4239—2001[S]. 北京:总装备部军标出版发行部,2001.
[3] 总参谋部. 中国人民解放军军语[M]. 北京:军事科学出版社,2011.
[4] 国防科学技术工业委员会. 装甲车辆设计定型试验规程:GJB 848—1990[S]. 1990.
[5] 国防科学技术工业委员会. 装甲车辆试验规程:GJB 59[S]. 1986.
[6] 张均享,等. 高机动性运载车辆动力系统[M]. 北京:中国科学技术出版社,2000.
[7] 卢亚辉,易兵. 陆军武器装备联合试验方法研究报告[R]. 北京:装甲兵装备技术研究所,2012.
[8] 赵新国,等. 装备试验指挥学[M]. 北京:国防工业出版社,2010.
[9] 宣兆龙,易建政. 装备环境工程[M]. 北京:国防工业出版社,2011.
[10] 康锐. 可靠性维修性保障性工程基础[M]. 北京:国防工业出版社,2012.
[11] 杨为民. 可靠性·维修性·保障性总论[M]. 北京:国防工业出版社,1995.
[12] 曾声奎. 可靠性设计与分析[M]. 北京:国防工业出版社,2011.
[13] 任立明. 可靠性工程师必备知识手册[M]. 北京:中国标准出版社,2009.
[14] 陈传尧. 疲劳与断裂[M]. 武汉:华中科技大学出版社,2002.
[15] 程育仁. 疲劳强度[M]. 北京:中国铁道出版社,1990.
[16] 杨其明,严新平,贺石中,等. 油液监测分析现场实用技术[M]. 北京:机械工业出版社,2006.
[17] 温诗铸,黄平. 摩擦学原理[M]. 2 版. 北京:清华大学出版社,2002.
[18] 张明喆,刘勇兵,杨晓红. 车用摩擦材料的摩擦学研究进展[J]. 摩擦学学报,1999,19(4):379 - 384.
[19] 邵荷生,曲敬信,许小棣,等. 摩擦与磨损[M]. 北京:煤炭工业出版社,1992.
[20] 曾荣昌,韩恩厚,等. 材料的腐蚀与防护[M]. 北京:化学工业出版社,2006.
[21] 王保成. 材料的腐蚀与防护[M]. 北京:北京大学出版社,2012.
[22] 何业东,齐慧滨. 材料腐蚀与防护概论[M]. 北京:机械工业出版社,2005.
[23] 刘道新. 材料的腐蚀与防护[M]. 西安:西北工业大学出版社,2006.
[24] 麦克弗森 J W. 可靠性物理与工程——失效时间模型[M]. 秦飞,安彤,朱文辉,等译. 北京:科学出版社,2013.
[25] 傅耘,祝耀昌,陈丹明. 装备环境要求及其确定方法[J]. 装备环境工程,2008,5(6):46 - 51.
[26] 王宝忠. 飞机设计手册:第 10 册　结构设计[M]. 北京:航空工业出版社,2000.
[27] 宣卫芳,胥泽奇,肖敏,等. 装备与自然环境试验[M]. 北京:航空工业出版社,2009.

[28] 蔡健平,刘建华,刘新灵. 材料环境适应性工程[M]. 北京:化学工业出版社,2014.
[29] 陈绍杰. 复合材料结构修理指南[M]. 北京:航空工业出版社,2001.
[30] 田学民,曹玉苹. 统计过程控制的研究现状及展望[J]. 中国石油大学学报(自然科学版),2008,32(4):175-180.
[31] 李金桂. 腐蚀控制工程系统学概论[M]. 北京:化学工业出版社,2009.
[32] 李良巧. 机械可靠性设计与分析[M]. 北京:国防工业出版社,1998.
[33] 尚增雨,李久祥,伍平洋,等. 贮存环境与环境影响分析[R]. 航天可靠性安全性研究中心研究报告,1999,6.
[34] 李久祥,申军,侯海梅,等. 装备贮存延寿技术[M]. 北京:中国宇航出版社,2006.
[35] 中国人民解放军总装备部. 军用装备实验室环境试验方法:GJB 150A—2009[S]. 2009.
[36] 祝耀昌,常文君,傅耘. 武器装备环境适应性与环境工程[J]. 装备环境工程,2005,2(1):14-19.
[37] 潘铭志. 军用装甲车辆振动与乘坐舒适性分析[D]. 太原:中北大学,2007.
[38] 李祚泳,丁晶,彭荔红. 环境质量评价原理与方法[M]. 北京:化学工业出版社,2004.
[39] 宣兆龙. 野战弹药环境安全的灰色模糊综合评判[J]. 军械工程学院学报,2006,3(1):56-59.
[40] 于衍华,史国华,山春荣,等. 武器装备环境适应性论证[M]. 北京:兵器工业出版社,2007.
[41]《力学环境试验技术》编著委员会. 力学环境试验技术[M]. 西安:西北工业大学出版社,2003.
[42] 马力. 常规兵器环境模拟试验技术[M]. 北京:国防工业出版社,2007.
[43] 陈淑凤,马蔚宇,马晓庆. 电磁兼容试验技术[M]. 北京:北京邮电大学出版社,2001.
[44] 柯伟,杨武. 腐蚀科学技术的应用和失效案例[M]. 北京:化学工业出版社,2006.
[45] 汪学华,等. 自然环境试验技术[M]. 北京:航空工业出版社,2003.
[46] 刘尚合,魏光辉,刘直承,等. 静电理论与防护[M]. 北京:兵器工业出版社,1999.
[47] 杜新胜,焦宏宇. 导电涂料的研究进展[J]. 中国涂料,2009,24(2):19-22.
[48] 祝耀昌,孙建勇. 装备环境工程技术及应用[J]. 装备环境工程,2005,2(6):1-9.
[49] 祝耀昌. 环境适应性与环境工程[J]. 航天器环境工程,2006,23(4):187-193.
[50] 葛瑞格·K. 霍布斯. 高加速寿命试验与高加速应力筛选[M]. 丁其伯,译. 北京:航空工业出版社,2012.
[51] 陈循,张春华,汪亚顺,等. 加速寿命试验技术与应用[M]. 北京:国防工业出版社,2013.

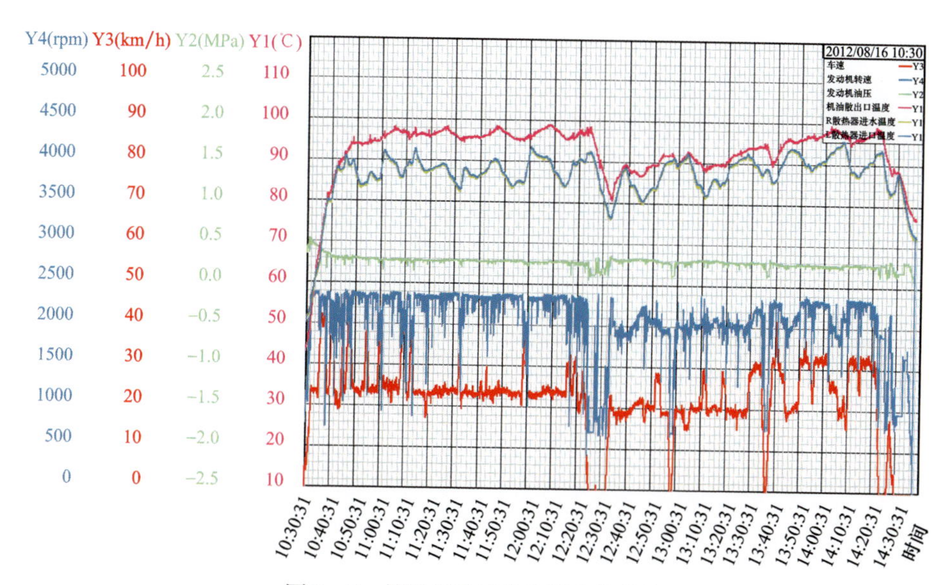

图 2-7　持续行驶试验监测参数曲线